北京市生态学重点学科项目资助
生物多样性与有机农业北京市重点实验室项目资助

艾尔伯特·霍华德 / 著
李季 / 主译

农业圣典

An Agricultural Testament

中国农业大学出版社
CHINA AGRICULTURAL UNIVERSITY PRESS

内容简介

《农业圣典》是公认的经典，它是有机农业的开山之作，同时也是一部集大成之作，它包罗了土壤学、作物学、植物病害、环境科学等众多学科。作者在深入研究东方长期农业实践后总结提出的"混合种植"、"种养平衡"、"肥力保持"等观点为后续世界范围的农业转型和农业可持续发展指明了基本方向。贯穿全书的核心部分即印多尔堆肥工艺则为世界范围堆肥工业化奠定了科学基础，而有关动植物健康乃至人类健康的论述则把传统农业的价值提升到整个社会的繁荣、持续发展的高度。毫不夸张地说，霍华德先生提出的围绕"土壤健康"的整个农业思想对当今的土壤治理、水土保持、病害控制、持续农业、食品营养、人类健康等均具有深远影响。书中提出的"有了健康的土壤，就会有健康的植物，也就有了健康的动物和人类"的观点，在目前中国社会食品安全、环境保护危机频发的背景下极具"警世"效应。

该中译本是根据1940年牛津大学出版社的英文版翻译而成。

本书可作为热爱农业、从事农业的所有同仁之案头之作，也可作为从事生态农业等科研教学人员以及政府管理人员的参考资料。

图书在版编目(CIP)数据

农业圣典/[英]艾尔伯特·霍华德(Albert Howard)；李季主译.
—北京：中国农业大学出版社，2013.5(2020.7重印)

ISBN 978-7-5655-0686-4

Ⅰ.①农… Ⅱ.①李… Ⅲ.①土壤肥力-研究 Ⅳ.①S158

中国版本图书馆CIP数据核字(2013)第080632号

书　　名　农业圣典

作　　者　艾尔伯特·霍华德(Albert Howard)　　主译　李季

策划编辑　丛晓红　　　**责任编辑**　李丽君　丛晓红

封面设计　郑　川　　　**责任校对**　王晓凤　陈　莹

出版发行　中国农业大学出版社

社　　址　北京市海淀区圆明园西路2号　　　**邮政编码**　100193

电　　话　发行部 010-62818525,8625　　　读者服务部 010-62732336

编辑部 010-62732617,2618　　　出　版　部 010-62733440

网　　址　http://www.cau.edu.cn/caup　　　**e-mail**　cbsszs@cau.edu.cn

经　　销　新华书店

印　　刷　涿州市星河印刷有限公司

版　　次　2013年7月第1版　　2020年7月第5次印刷

规　　格　787×1 092　16开本　17.5印张　225千字

定　　价　62.00元

编 写 人 员

中国农业大学有机农业丛书编写委员会：

主　　任　吴文良

副 主 任　李　季　袁士畴

编写成员　（按姓氏笔画为序）

付占方　李　季　李　隆　李天忠

牛新胜　吕贻忠　乔玉辉　孙振钧

王　冲　王　忠　吴文良　许　艇

杨合法　袁建敏　袁士畴等

总　序

20 世纪以来，现代农业在大幅度提高农业生产力的同时，由于过量施用化肥、农药、抗生素等，带来了诸如水土流失、环境污染、农产品质量下降和农田生物多样性减少等一系列问题，也导致了现代农业体系内在的不稳定性和不可持续性，如何探索一条既不依赖大量化石能源又能保障食物安全和食品安全的可持续道路成为农业研究人员必须解决的一大难题。

有机农业就是国外一些农业先驱针对常规农业困境提出的一种可持续农业发展模式，早期的几位科学及哲学巨匠包括英国的霍华德(Albert Howard，1873—1947)、奥地利的斯坦勒(Rudolf Steiner，1861—1925)和日本的福冈正信(Masanobu Fukuoka，1913—2008)均对有机农业的启蒙做出了重大贡献，而发起于 1972 年的国际有机农业运动联盟(IFOAM)则对世界范围的有机农业发挥了旗帜性作用。2011 年第 17 届世界有机农业大会在韩国举办，则标志着有机农业在亚洲的崛起以及世界有机大家庭对东亚农业文明的重视。据瑞士有机农业研究所(FiBL)等公布的数据表明，截至 2011 年底，全球有 160 个国家超过 180 万个有机农户进行有机农业生产，以有机方式管理的土地面积已达 3 720 万 ha。过去 10 年来，世界有机农业种植面积年增长率达到了 8%。

中国有机农业发展始于上世纪 80 年代初期。当时国内一些院校的学者如王在德、刘巽浩、章熙谷等率先在不同刊物发文介绍了有机农业，其后有机农业的认证、咨询及研究即逐步展开。1990 年浙江临安的有机绿茶通过荷兰认证机构 Skal 的认证，首开我国有机食品开发的历史。1994 年，国家环保局有机食品发展中心（OFDC）在南京成立，这是我国首个专门从事有机农业研究、认证和培训推广的机构。随后，中国农业大学、南京农业大学、华南农业大学、中国农业科学院茶叶研究所等建立了相应的研究、咨询与认证机构，其他一些农业研究所也开展了相应的有机农业生产技术的研究工作。2005 年 4 月 1 日正式颁布实施的中国《有机产品》标准 GB/T 19630 标志着中国有机农业全面、有序的发展。据不完全统计，至 2010 年底我国有机生产面积 200 万公顷，有机产品认证证书达 9 881 张，获证企业 7180 家，有机产品国内贸易额达 838 亿元，年出口额约 4 亿美元。中国有机农业经过二十余年的发展，经历了市场不断拓展、基地及品种不断扩大以及政府逐步认可这样一个变革。总体上讲，中国有机农业正处在一个从依赖出口向立足国内市场，从分散式单一发展向行业整体推动这样一个转折时期，可以预见有机农产品在未来 5～10 年在国内市场的份额将呈快速上升趋势。

中国农业大学长期以来形成了一支有机农业的研究队伍，在国内开展了一些先导性的研究工作，包括于 1998 年开始与 ECOCERT 的合作，目前已认证的有机农产品占出口的 60%以上；在曲周实验站开展了有机农业的长期定位试验，其中小麦－玉米试验开始于 1993 年，日光温室蔬菜试验开始于 2002 年；受国家科技部支撑计划项目资助，在山东淄博、新疆伊犁等地开展了一批有机食品开发与加工技术研究与示范；为众多地方政府\企业制定了有机农业发展规划；与丹麦、德国、瑞士、美国、韩国等地相关研究机构建立了长期的合作关系；申请获批北京市有机农业与生物多样性重点实验室；在国际有机农业研究学会（ISOFAR）和国际知名有机研究机构（如 ICROFS）理事会有了中国专家的代表；作为主要和主持单位参与国家有机食品标准的制定和国家有机食品产业发展报告的撰写。目前这支研究队伍已成为国内有机农业事业促进的一支重要生力军。

本次由中国农业大学出版社计划出版的有机农业系列丛书，涵盖有机经典译著、有机农业研究和有机农业技术几个专题，包括农业圣典、活的土壤、有机蔬菜长期定位研究、有机畜牧业、间套作与有机农业、有机农业生产与贸易、有机家禽（鸡）生产、有机苹果种植技术、有机蔬菜种植技术、有机水稻种植技术等，计划在2年左右时间内陆续出版完成这些图书。

在我国农业发展取得巨大成就又面临空前挑战的背景下，在迫切需要从战略高度系统探索中国常规农业向环保农业包括有机农业转型的历史关头，受资源与环境学院生态科学与工程系吴文良教授邀请为本丛书写序，看到当年我们那一辈曾经参与探索的有机农业在年轻一代农业科研与教育工作者的推动下取得如此系统的研究成果，由衷高兴。也愿借此机会祝愿国内有机农业发展步入健康轨道，中国农业真正转向可持续发展阶段，国民早日摆脱食品风险。

韩纯儒

2013年9月于北京

译者序

翻译农业圣典是一件自然而成的事情。我本人于 20 世纪 90 年代后期即开始了有机农业的研究工作，对一些经典著作也一直给以关注。最早进入视野的应该是《一根稻草的革命》，读后让人为之一振。两年前在偶然借阅《农业圣典》的过程中，发现国内尚未翻译，而邻国日本已多次出版，且书中相当内容涉及堆肥，这也是我们课题组十余年来的科研领域，因此遂定下把该书翻译出来，以满足国内有机农业快速发展过程中读者的需求。

一旦开始翻译才发觉是一件极其艰难的事情。第一阶段是文字的准确性，由于涉及许多专业知识，需要仔细核对以不出疏漏；第二阶段是文字的流畅与恰切，这部分更难，因为作者是一位集大成科学家和实践者，语言相当犀利且富有感染力，能否准确反映英文风范难度很大。经过前后共 8 次的校对终于交稿。

掩卷思考，《农业圣典》确是一部难得的经典之作。作为欧洲有机农业的创始人以及现代堆肥的奠基者，霍华德先生为世界有机农业做出了重大贡献，正是由于他杰出的开创性工作，影响了 Balfour 夫人和 Rodale 先生等人，这两人分别成立了欧洲旗帜性的英国土壤协会和美国罗代尔农场，为欧美有机农业发展奠定了重要基石，Rodale 的同事

Goldstein 后又组建了 BIOCYCLE，推动了美国堆肥及有机废弃物事业的蓬勃发展。欧美的这些里程碑式工作也为世界有机农业运动做出了积极贡献。

农业圣典一书包罗众多学科，如土壤学、作物学、草地学、动物学、植物病害、水土保持、环境科学等。其中有些观点当下读来都不失铮铮之声。他提出的“有了健康的土壤，就会有健康的植物，也就有了健康的动物和人类”的观点，在目前中国社会食品安全、环境保护危机频发的背景下极具“旗帜”效应；他在深入研究东方长期农业实践后总结提出的“混合种植”、“种养平衡”、“肥力保持”等生态学观点为后续世界范围的农业可持续发展提出了遵循原则；贯穿全书的核心部分即印多尔堆肥工艺则为世界范围堆肥工业化奠定了科学基础，堆肥在各地多种作物上面的试验则提供了丰富的土壤培肥与作物健康的案例；而有关动植物健康乃至人类健康的论述则把传统农业的价值提升到整个社会的繁荣、持续高度，令今人连连感叹。毫不夸张地说，霍华德先生提出的围绕“土壤健康”的整个农业思想对当今的土壤治理、水土保持、病害控制、持续农业、食品营养、人类健康等均具有深远影响。

农业圣典一书于立论与实践间纵横捭阖，理论处有精辟论断，实践处陡见经纶，让人佩服不已。这里随手摘出几条立论就可立即让人感受到这些警世良言：

“地球母亲从来没有试图离开动物从事过农作，她一直推崇着混合经营，精心呵护着土壤以防止水土流失，她把动植物残体转化为腐殖质以致没有废物产生，其生物的生长与腐解是平衡的，并最大限度地保持着土壤肥力。”

“中国农民非常重视所有废弃物的回田利用，他们的做法接近于自然的理想状态；他们在有限土地上养活了众多人口，肥力并未丢失。而古罗马农业在肥沃的土地上却没能保持住土壤而失败了，西方的农民正在重复着罗马帝国犯过的错误。”

“农业在任何时候必须得到平衡，当生长加快时腐解也要加速。反过来，当土壤储备被肆意浪费时，作物生产就会停止下来，想要成为一个好农场是不可能的，农民这时就变成了一个土匪。”

“我斗胆断言当我们的食物皆产自肥沃的土壤，当我们皆食用这些新鲜的食物时，人类至少有一半的疾病将会消失。”

“大自然提供了一件不可思议的机器可使作物具备抗病性。该机器只有在土壤富含腐殖质时才是活跃的，而在缺乏腐殖质的瘠薄土壤和施用化肥的类似土壤中则会失去活性。”

……………………………………

如同中国的经济发展一样，中国农业发展也进入了一个改革的“深水区”。近年来，水土资源日益紧缺、农村生态环境不断恶化和食品安全“四面救急”的局面已把农业逼到了“死角”，可以说中国农业目前最大的挑战就是农业与环境的协调问题，而解决这一问题不能寄希望于局部的修修补补，必须从国家层面做出农业转型的顶层设计，并对农业的发展路径和政策作出规划。相信完成于73年前的这本著作能给中国的农业转型带来些许启示。

农业圣典不仅是有机农业的开山之作，同时也是一部名副其实的农业圣经。书中提出的农业发展和研究的整体观、土壤腐殖质在农业生产的核心地位以及对农业价值和农业传统的推崇仍值得当下每个从事农业的人进行思考和再认识。

中国是世界范围公认的农业古国，HOWARD曾多次在书中提及中国土壤及农业历经几千年而不衰的伟大之处，很可惜随着现代农业的长足发展，我国传统农业中许多的智慧知识正在消逝，保护农业遗产也应像保护自然文化遗产那样去重视和普及。

本书翻译过程中得到了北京市教委生态学重点学科项目(XK10019440)的资助，中国农业大学资源环境学院的吕贻忠教授在书稿一校中做了细致的案头工作，我的学生张陇利、任莉和徐智博士在一译中付出了不少心血。中国农业大学出版社的汪春林社长、丛晓红和李丽君编辑为本书的顺利出版提供了鼎力帮助，在此一并致以诚挚的感谢。

由于文字水平欠缺，本书的翻译必然存在一些纰漏之处，期望读者能给予批评修正。

写给我的妻子加布瑞勒

大地，那自然的母亲，就是她的坟墓；
埋葬她的坟场，也是她的出生地。

——《罗密欧与朱丽叶》

自然，我们的老保姆，
把她的孩子抱在膝上，说：
“这是一本故事书，是你父亲写给你的。”
她说道：
“过来，跟我漫步走入那些未被踩踏过的地方，
阅读那些上帝书稿中未被读过的内容。”
——朗费罗“阿加兹的第五十个生日”

作者序

工业革命以来，全球经济开始加速，其目标是生产足够的食物和原材料以满足人口和工厂的需要。但是在作物和动物生产大量增长的同时土壤肥力却一直在丧失，对此毫无补救措施。由此产生的后果是灾难性的：农业开始失去平衡、土地在变劣、病害在增加，世界各地由于受到侵蚀土壤在流失。

本书写作的目的是希望人们对土壤这一地球资本遭受的破坏引起重视，并指出由此产生的后果，以及恢复和维持土壤肥力的方法和建议。这一大胆的计划来自于我在印度和英国长达 40 年的工作经验，它也是我的较早期著作《农业废弃物》的延续，该书出版于 1931 年，详细描述了利用动植物废弃物生产腐殖质以维持土壤肥力的印多尔（Indore）方法。

在过去 9 年时间里，印多尔方法在世界各地得到了广泛应用，并获得了大量有关腐殖质在农业中的作用的信息，我也很乐意借此考察现存的农业系统以及农业研究的组织和方向。同时我们也关注到了在荷兰和英国开展的生物动力农业，但到目前我仍然不能相信由 Rudolph Steiner 提出的原理可以对自然法则给出任何实际的解释，或者能提供任何实际案例以证明其理论价值。

《农业圣典》一书即对相关结果进行了总结，我们没有任何企图来掩盖得出的结论或采用外交辞令来表达它们。相反,我们以最大的坦诚来介绍它们。我们也希望人们在同样自由的气氛下来讨论这些问题,并提出新的见解以有效改进实际行动。

若没有印度早期同仁 George Clarke 先生的帮助和鼓励,我是无法完成这本书的写作的。他在联合省担任农业官员长达 10 年(1921—1931),他非常豁达地安排我协助处理该省的农业事务长达 20 余年,并在最后的 3 年里与我讨论了这本书的所有实践内容。在初稿完成后他就阅读了大部分的章节,也提出了一些建议,这些建议均已吸收在本书中。

世界各地采用印多尔方法从事农业实践的许多人士均对本书做出了贡献,书中已介绍了几个这样的案例。这里不可能引述所有的工作者们,正是他们提供了进展报告并客观地介绍了他们的结果。这些珍贵的事实及观察资料充分支持了我们的经验。

本书还对菌根组织这一尚未发现的营养要素给予了重视,实际上它也是土壤腐殖质和植物体液间的一个活的真菌桥。我第一次读到这种共生组织的存在来自于针叶树上的明显表现,该工作由 Rayner 博士在 Dorset 的 Wareham 完成,并得到林业委员会的协作。许多种植园及我们对 4 种作物的研究表明菌根均普遍存在,并可对产品质量形成、抗病性以及施用化肥后导致的品种退化和土壤变劣给出充分解释。后来我们有意在热带和温带农业地区采集了许多可能含有菌根的样品,并由 Rayner 博士和 Ida Levisohn 博士对这些材料做了大量的细致检测,他们给我提供了许多有价值的技术报告,这些试验报告已包含在本书的后续章节里,若有任何责任当属作者本人。

我也很感谢许多机构允许我们采用他们已发表的一些信息和资料,还有两家机构允许我们采用其研究结果。伦敦皇家协会同意我们采纳发表在其论文集的一篇论文,并吸收在土壤通气一章里,皇家艺术协会也提供了有关剑麻的资料,皇家卫生研究所则同意引用其 1938 年 7 月在朴次茅斯举办的健康会议上的论文。英国医学杂志允许我们采用 Lionel

J. Picton 博士的论文，Waksman 博士的出版社允许我们翻印其两篇有关腐殖质论文的摘要，Sons 公司的 Arthur Guinness 先生同意引用其在 Bodiam 开展的城镇垃圾堆肥的材料，Walter Duncan 先生允许 Gandrapara 茶场的经理对废弃物堆肥进行总结成文，J. M. Moubray 先生则给我寄来他们在 South Rhodesia 的 Chipoli 开展的有趣的工作总结，这些结果收录在附录 B 中。

在推广印多尔工艺过程中，许多刊物提供了忠实的服务，英国的《时代杂志》、《皇家艺术学会杂志》发行了系列报道和论文，南非的《农场主周报》从一开始就号召农业社区提高土壤的腐殖质含量，拉丁美洲的种植者们也十分感谢《哥斯达黎加咖啡研究所》杂志。

伦敦的一些大型茶叶公司、James Finlay 公司、Walter Duncan 公司、Ceylon 茶叶公司、Octavius Steel 公司等在两年里投入大量资金进行印多尔工艺在种植园中的应用，他们甚至自掏腰包在 1937—1938 年参观了印度的茶园。这些活动也要感谢 Ceylon 茶叶公司 G. H. Masefield 先生的热情接待。

在对大量土壤肥力文献及记录进行整理并成书过程中，我的秘书 V. M. Hamilton 小姐做出了很大贡献，在此一并感谢。

艾尔伯特·霍华德
于布兰克汗斯
1940 年 1 月 1 日

目　录

第二部分 印多尔工艺

第五部分　结论与建议

第一章 引 言

任何持久的农业系统，其首要条件是土壤肥力的维持。通常，在作物生产过程中肥力一直在消耗着，这样通过不断地施肥和土壤管理来恢复肥力就显得十分重要。研究土壤肥力的第一步是对已有不同农业系统进行回顾，这些农业系统大致可以划分为以下四种类型：

1. 自然农业，大自然可被看做原始森林、草地和海洋中的“超级农民”。

2. 已消亡的古代农业。

3. 东方农业，是指基本上未受到西方科学影响的东方传统农业实践。

4. 欧美农业，是目前在欧洲、北美地区流行的方法，在过去几百年来科学在农业生产中的应用得到了广泛关注。

土壤管理的自然法则

农业文献很少关注大自然是如何管理土地和水的，而事实上土壤管理中的自然法则正是我们研究土壤肥力的基础。

自然农业的基本规律是什么？这在我们周围的森林中就可以很容

易地看到。

第一个法则是混合农作：植物总是与动物在一起，它们中的许多种类都共同生活着。在森林中你可以看到所有的动物类型，从哺乳动物到最简单的无脊椎动物；森林中的植物王国也显示出同样的规律：从来没有单作，混合种植是基本法则。

森林中的土壤始终承受着阳光、雨露与风的滋润，在这种呵护下，土壤是最为经济的，其标语是：绝无损失。太阳能完全被森林冠层及其下面的叶片利用了。树叶把降雨破碎成细小的水珠，从而可以很容易地被落叶层及动物残体所吸收，正是这些凋落物构成了珍贵土壤的最后一道屏障。森林中的这些保护方法在处理阳光和降雨时非常有效，同时也把最强的风削弱成了轻柔的和风。

林中降雨悉数被储存着，其中大部分留在了土壤表层，多余的降雨则缓缓转移到土壤深层，到一定的时候则渗出汇入至小溪和河流。被树叶碰碎的细微水珠通过地表落叶层转变成细薄的水膜缓慢地向地下流动，先进入腐殖质层然后进入土壤和底土。这些水分的再分布主要通过两种孔隙途径进行：一是发育良好的团粒结构的孔隙通道，二是由蚯蚓和其他掘穴动物形成的排水及通气管网。森林土壤的孔隙度很高，土壤内表面积很大，有助于细薄水膜在土表的缓慢移动。另外，森林土壤还有丰富的腐殖质可以直接吸收水分，多余的部分缓慢地进入底层土壤。很明显，森林中很少有径流，即使在原始雨林也很少。当有径流时，溪水特别清澈，不会带走任何土壤，因此，在自然界是不会发生水土流失的。森林地区的溪水是长流的，因为在暴雨（上游）和海洋（下游）间有大量的水流在过渡着。因此，在森林地区很少或基本没有干旱，大量的雨水被截留了下来，满足了自身需求，没有任何浪费。

森林肥沃着自己，它会自己产生腐殖质，并提供给自己矿物质。当我们看到一片林地时，我们会发现在地面上一些动植物残体会一直缓慢地累积着，并被真菌和细菌转化成了腐殖质。这种转化的前期多依赖于氧气进行好氧分解，而后则在缺氧环境下进行。**整个过程是卫生的，没有任何讨厌的东西，没有气味，没有飞蝇，没有垃圾桶，没有焚烧炉，没有人工下水系统，没有传染疾病，没有市镇厅，没有收费。**相反，森林提供了理想的夏季度假胜地，有充足的阴凉和新鲜的空气，并且在度假季节（7—9 月），在树林地表动植物残体向腐殖质的转化从没有表现得这么快、这么强烈。

森林及灌木丛所需的矿物质来自于底层土壤。这些矿物质溶解在土壤的水中并被深层的根系吸收，而这些根系也帮助树木固定在土壤中。在底层土壤根系的分布情况及分布方式完全是为了获取矿物养分，这在后面章节中将会提到。即使在土壤磷素明显缺乏的情形下，树木也不存在获取足够磷素的困难。磷、钾和其他矿质养分一直是就地吸收的，并通过蒸腾流运输到绿叶中利用。而后这些养分要么用于植株生长，要么以植物残体形式沉积在地表，进一步形成腐殖质，腐殖质再一次被树木根系所利用。就像我们在森林中看到的，自然农业有如下两个特征：一是已有矿物质不断地循环并被树木吸收利用；二是新的矿物质不断地从底层土壤库得到补充。因此，没有必要添加磷素，也没有必要增加钾素，所有矿物质的缺乏状况均不会发生。肥料的供应是自动进行的，要么由腐殖质提供，要么由土壤提供。在有机和无机养分之间自然界有着自己的分工：腐殖质提供了有机肥料，土壤则提供了矿质养分。

土壤经常有大量的肥力储备，在自然界不需要从手到嘴的“进食”。这些储备一般在上层土壤以腐殖质形式完成，却不会发生一点的多余，因为一旦有节余又会被表层土壤中的掘穴动物如蚯蚓和昆虫所利用。这些养分的大量积累程度只有在树木砍伐用于农业时才能被认识到。当人们在新开垦土地上种植茶叶、咖啡、橡胶、香蕉时，即使十多年连续不施肥也会得到很好的产量。因此，大自然就是一个优秀的管理者，它能把养分有效地储存在土壤库里，在任何地点这些养分都不会造成浪费。

植物和动物在照看着它们自己，大自然从来不需要设计喷雾器并用它喷洒药物来控制病虫害，大自然也不需要疫苗和血清来保护动物。当然所有的病害在森林动植物中都会被发现，但它们都不会大量发生。其透露出的道理是这些动植物即使在体内发现一些病虫害如寄生虫的情形下，仍能很好地保护自身。在这里，**自然的法则是：兼容共存。**

当我们研究草原和海洋时，我们同样会发现这些简洁的法则。像森林一样，草地也会很好地对待降雨，草地上很少或没有土壤流失，径流是清澈的。同样地，腐殖质也会在表层土壤富集。在北美最好的草原地区，不同品种混合生长的草地承载和维持了一个很大的野牛群，却从来不需要任何兽医服务。当早期定居者开始垦种时，他们发现这些草原土壤是如此的肥沃，以致好多年没有动物养殖和肥料投入的情形下小麦的产量仍然很高。

河流、湖泊和海洋中也奉行这一混合农作的法则。许多植物和动物生活在一起，不存在单一的种植和养殖。植物和动物的残体也得到了有效的处理，没有东西是废弃的。腐殖质又一次成为了重要的一环，无论是溶液中、悬浮物中还是底泥中都能发现它。和森林、草地一样，海洋也在肥沃着自己。

自然农业的主要特征可以归纳为：**地球母亲从来没有试图离开动物从事过农作，她一直推崇着混合经营，精心呵护着土壤以防止水土流失，她把动植物残体转化为腐殖质以致没有废物产生，其生物的生长与腐解是平衡的，并最大限度地保持着土壤肥力，尽可能截留下雨水，在自然界动植物提倡自身保护不受病害影响。**

在观察众多人类发明的人工农业系统时，令人感兴趣的是这些自然法则得到了多大程度的应用？是否经过了改良？以及当它们被遗弃后发生了什么？

消失古国的农业文明

很明显,研究那些消失的文明古国的农业是非常困难的。不同于建筑物,人们可以通过对城市建筑遗迹的研究来重构昔日的文明景象,但古代农田是很少能保持下来的。这些田地要么回到了林地,要么会不断地被新的农业系统更替。

有时,古代人类的农田会随同其灌溉系统保留下来,而正是这些灌溉系统保证了土地的生产能力。很可惜,古代秘鲁(或许是最古老的石器时代农业之一)的梯田耕作并没有留下任何文字记载。这种耕种方式开始于铁器时代发现前,主要位于山区或高海拔草地,是在人们苦于无法清除茂密的森林下产生的。看起来,秘鲁的灌溉梯田耕作系统已达到了历史的顶峰。美国国家地理学会曾派出一支考察队,专门研究这一古代的农业文明遗产,部分成果发表在该学会 1916 年 5 月的期刊上,题目是“古代梯田农场”。这一由古秘鲁使用巨石的原始人类创立的系统是在山坡上建设阶梯状梯田,层层排列,有时多达 50 层。这些梯田的外围拦墙由巨石构成,相互间严丝合缝,就如同现在我们看到的埃及金字塔一样,连一把刀刃都插不进去。在外墙建造完后,就要在粗石上覆上黏土作为农田基础,然后一层层铺上厚达几英尺的土壤(从山顶运来),再进行平整以方便灌溉。最后建成的梯田就是一片片平坦的土地,略有坡度以利于人工浇水。换句话说,这些梯田就像一个个巨大的花盆,底部有着良好的排水性,令人难以置信地由古人创造出来,并用于农业生产。这些正是石器时代农业的成就,与这些消失文明所创造的成就相比,我们对农业的理解就显得无足轻重了。那些石质山谷中狭窄的场地、陡峭的墙体在我们的工程师看来完全是无用和没有希望的,但在史前时代却被人们切切实实改造成了肥沃的土地和他们的家园。古秘鲁的工程师在缺乏现代装备如铁、钢、混凝土的情形下,做出了可与现代社会相媲美的工程。我们知道，他们没有像现代人那样去掠夺森林和土壤。

这些梯田需要灌溉，灌溉用水要通过水渠从远处送来。普雷斯科特(Prescott)介绍了穿越康德苏峪(Condesuyu)地区 640～800 千米的灌渠；库克(Cook)提供了一张这些灌渠的照片，一条细黑的管道穿越了山谷间高达几百英尺的陡峭山墙。

这些古代农业在现在的喜马拉雅地区、中国和日本的山区，以及南印度、斯里兰卡和马来群岛的山地灌溉稻田仍能看到。康威(Conway)发表于 1894 年的文章介绍了印度西北边境克什米尔地区的梯田，和玻利维亚安第斯山区穿越绝壁常年远距离供水的运河。作为一位知名的学者和登山者，他认为现在克什米尔地区的原住民生活在与印加时期秘鲁人相近的文明阶段，因此这些地区的古代农业仍然被人们保留着。在后面的章节中我们还将讨论这些灌溉梯田地区食品营养价值与人们健康间的关系。这些古代的遗产从食物质量及历史价值角度看非常有趣。

古代其他一些农业系统通过文字记录传递了下来，并为后期创造性的研究提供了丰富的资料。值得一提的是，罗马时期保存了相当完整的农业资料，从君主制一直到罗马帝国灭亡。人们可以很方便地从莫姆森(Mommsen)、海特兰(Heitland)和其他学者的著述中了解到这些。罗马时期塞尔维亚(Servian)改革(塞尔维亚·塔力阿(Servius Tullius)，578—534 B.C.)法案中清楚反映出当时农业阶层不仅占优势地位，而且政府已努力保持自由农的集体地位，并把它作为国家的精髓所在。依托自由农的宪章体系渗透在罗马战争和征伐的所有政策中。战争的目的就是为了增加自由农的数量。

> "被征服的部族要么被强迫全部融入到罗马自耕农，或被要求割让部分领地(通常是 1/3)给罗马农场。许多小国也像罗马一样取得过胜利，但没有一个在保护土地、稳定农业上比得上罗马。通过战争得来的东西很难再次获得，但通过农作就不一样了。罗马帝国丢掉了很多战争，但他们却很少放弃过他们

的土地,从这点看他们得益于那些依附于土地和农庄的坚韧不拔的农民。一个人及国家的力量来自于他们对土地的控制,罗马的力量建立在它对土地上居民的广泛和直接的控制,以及对这一团体的高度统一。”

这些光辉的理想并未延续下去。在意大利联邦至迦太基征服期间,农民开始了衰败。小农户不再有收益的增加,一个个种植者面临着毁灭。早期共和制下的道德规范和节俭习惯丧失了,意大利农民的土地开始被并入大的地主阶层,地主成为了主体。由于拥有很多的土地,他们不仅可生产出较普通农民便宜的农产品,而且还开始雇佣奴隶。小农场盛行时期的同一块土地可以支撑100～150个家庭,但现在只属于1个家庭及其雇佣的约50名奴隶(多数未婚)。“如果这种转变被看做可把这样一个衰败的国家经济恢复到繁荣的话,很不幸,它实质上就像一场令人讨厌的疾病。”(引自莫姆森,1817—1903,德国历史学家。)

这一衰败的主要原因有四个方面:军队对国家活力的不断耗竭,并在与迦太基(Carthage)的两场漫长战争中得以终止;罗马地主资本家的经营就像迦太基名将哈米尔卡(Hamilcar)和汉尼拔(Hannibal)一样加剧了繁荣的衰退和意大利人口的减少(引自莫姆森);没能在种植和养殖间建立平衡并维持土壤肥力;雇佣奴隶而不是自由劳工。在这一时期,拉西姆(Latium)(意大利中部地区)的商业买卖全部转移到了大土地所有者手里,这些人同时也是投机商和资本家。其结果就是中产阶层特别是小农户的毁灭。一方面拥有土地和金钱的地主增加了,另一方面农业的无产阶层也增加了。资本的权力由于付税农民及契约农民的增长得到了强化。接下来的政治和社会矛盾并未在农业阶层得到任何缓解。为保障罗马主权在意大利建立的一些殖民地给无地农民提供了土地,但农业衰退的根本原因并未得到消除(尽管加图(Cato)及其他改革者做出了努力)。这一资本体系的利益从根本上是反对一个有效的农业系统的。到了公元2世纪的后半叶,衰败已经显现并加剧。后来提比留斯·格拉古(Tiberius Gracchus)提出了土地法,即为了控制农民阶层的衰退,由政府主导建立新的小农户体系,给8 000个农户分配了土地。同时还采取了许多鼓励农业的措施,但不幸的是这些政策似乎更有利于大农场。土地不再种植玉米而变为草原,牛群游荡在大片的牧场上。葡萄和橄榄通过商业化种植取得了成功。但这些农业体系只能依靠奴隶来完成,劳力的供应也要依赖于不断的进口。这种粗放的农业很自然地难以为意大利提供充足的食物,转而依靠于其他国家。一个一个的省需要为不断增加的无产者提供玉米,这些地区也变得衰退下来。结果是富有阶层离开了人口稀少的地区,转而建造了新的都城君士坦丁堡(Constantinople),新的土地上必须移入劳动力。在新的首府,罗马人可以依赖耗竭不完的埃及肥力,如同小亚细亚、巴尔干和多瑙河地区一样。

很显然,罗马帝国的农业史因失败而终结,原因是没能认识到这样一个基本原则,即保持土壤肥力并兼顾农业人口的合法权益应该永远不能受到资本运作的干扰。一个国家最重要的资产是人口,如果人口维持在一健康、有活力的基础上,其他任何事情也会有活力;如果人口处在一衰退的进程中,即使是那些巨富也无法挽救这个国家,最后必然走向毁灭。因此,资本最强有力的支撑还来自一个繁荣和满足的农村社会,农业和财政间应达成一种妥协,若认识不到这点自然会造成两败俱伤。

东方农业实践

亚洲的农业是我们面对的一个相对稳定的农业系统。我们现在从印度和中国狭小田块上看到的也是他们许多世纪前发生的事情,没有必要再去研究历史记录,或访问安第斯山脉的巨石农业遗迹。**东方的农业实践已通过了最高水平的考试,他们的农业系统如同原始森林、草原和**

海洋一样近乎是永久性的。比如中国的小农系统仍保持着稳定的产出，经过 4 000 年管理后肥力仍无损失。我们想知道，东方农业的主要特征是什么？

这些东方农户的资产很有限。以印度为例，1931 年统计报告中人口与种植面积的关系是：每个农业人口拥有 17.6 亩农田，其中 3.95 亩是可灌溉的。1921 年相应的数字是 16.39 亩和 3.7 亩。这些数字表明在这一热带地区人们生存是如此的艰辛。这些小农场通常耕种粗放，既没有充分利用人畜能量，也没有利用土壤的潜在肥力。

当我们转向远东地区，如中国和日本时，类似的小农系统同样存在，但人口压力（包括动物）更大。在《四千年的农民》一书前言中，金(King)提到 1907 年日本三个主要岛屿的人口为 46 977 000 人，耕地面积为 32 180 千米^2，相当于每平方千米 1 460 人，或每人 6 亩。另外在每平方千米耕地上，日本还养活了大量的牲畜，包括 111 匹马、90 头牛（基本为役畜）、1 327 只鸡（禽）、21 头猪和羊。中国虽没有准确的统计数据，但从金(King)的记录中也可看出与日本有类似的情形。在山东一户 12 口的农家，在 15 亩耕地上养了 1 头驴、1 头牛和 2 头猪、相当于每平方千米 4 943 人、412 头驴、412 头牛和 824 头猪。对 7 户农家访问后得出的平均结果是 1 783 人、212 头牛或驴、399 头猪；其密度相当于每平方千米耕地上接近 3 218 个消费者（指人和大牲畜）和 644 个食物转换者（指猪）。与这些数字相比，1900 年美国的统计值是：每平方千米 98 人、48 头马和骡。

粮食和饲料是首要的种植作物。东方农业的主要功能就是为耕种者和他们的牲畜提供食物。由于人口压力导致土壤首先要满足人类的饥饿需求。另外一个次要的饥饿问题是满足机器对原材料的需求，这一需求刚开始，但自 1869 年苏伊士运河开通（通过它小农户可有效地与西方市场联系起来）和地方工业如棉花和麻织建立以来就发展迅速。这两类饥饿问题均需要土壤肥力来解决。长期经验告诉我们，印度的土地可以应对来自人口食物的需求，能否满足新增的机器需求则要等待时日。

苏伊士运河开通仅70年，印度第一家棉纺厂则开始于1818年，靠近加尔各答(Calcutta)的格洛斯特(Gloster)。孟加拉的麻业是近百年才建立起来的，麻产品于1838年首次出口，1855年在哈格里(Hoogly)建立了第一个麻厂。这些地方产业以及当地原材料出口到西方工厂均是对土壤肥力的额外消耗。未来它们的健康发展及生存只有在充分保障土壤肥力的基础上才能得以延续。很显然，没有这点，在印度建造棉麻厂，在加尔各答成立贸易机构，以及修造船舶来运输原材料都是没有意义的，除非这些行业变得稳定和长久起来。仅仅依靠现存的土壤肥力来发展这些行业是愚蠢的，是在浪费金钱。在关注这些来自机器包括政府、财政、制造和销售的需求时，必须意识到过去50年来强加到印度土地上的这些负担是否合适。商业和工业的需求必须与土壤肥力保持平衡。

印度对上述两种饥饿(人口和机器)的反应可以从表1中看出，表中提供了种植粮食和饲料作物的面积，以及经济作物的面积。按重要性排列，主要的作物是水稻、豆类、谷类、小麦和饲料作物，经济作物常在变

表1　1935—1936年英属印度农业统计　　万亩

作物品种	种植面积	作物品种	种植面积
粮食和饲料作物		经济作物	
水稻	48 492	棉花	9 567
谷类	23 153	油料，主要是花生、油菜、芥菜和亚麻	9 507
小麦	15 266	麻及其他纤维作物	1 643
鹰嘴豆	9 042	染料、制革、药品、毒品等	885
干豆及其他粮食作物	18 084	烟草	747
饲料作物	6 550	茶叶	478
调味品、辣椒、水果、蔬菜等	5 043	咖啡	59
大麦	3 750	靛蓝	24
玉米	3 770	鸦片	6
糖料	2 451	合计	22 915
合计	135 602		

化，主要是棉花、油料，其他包括麻及其他纤维类、烟草、茶叶、咖啡和鸦片。可以看出粮食和饲料作物占了86%的种植面积，而经济作物仅占了1/7的种植面积。

过去25年印度粮食生产中发生的一件有趣的事情是，糖料作物产出满足不了需求，因而大量从爪哇、毛里求斯和欧洲进口。今天基于在联合省(United Provinces)沙贾汉布尔(Shahjahanpur)的工作，哥印拜陀(Coimbatore)甘蔗新品种的培育以及糖业的保护政策，印度已成为自给自足的糖业国家。战前(第一次世界大战)平均糖进口量为634 000吨，到1937—1938年已降到14 000吨。

混合种植是一大法则。在这一点上东方的种植者吸收了人们在原始森林看到的自然方法，而且当以谷物为主要作物时，经常要采用混合种植。谷类、小麦、大麦和玉米要与一种适宜的次要作物如豆类混合种植，有时这类作物成熟期要远晚于谷类作物。木豆(*Cajanus indicus* Spreng.)或许是恒河平原最主要的豆科作物，它一般与谷类或玉米生长在一起。谷类和豆科的混合种植似乎有益于双方，当两者共同生长时，它们的长势均得到了促进。这些作物的根系是否分泌出一些对双方都有益的物质？这些热带豆科作物及谷物的根系是否有菌根存在而且这些菌根是否也参与了分泌？目前的科学尚不能回答这些问题，刚刚开始相关的研究。东方的农民已经预期并实践出了这些问题的解决办法，而西方科学还仅停留在开始认识阶段。为什么作物在一种合适的组合下会生长旺盛？不管原因何在，事实是复种通常比单一种植效果要好。在英国饲料玉米与小麦和豆类、豌豆和黑麦、三叶草和黑麦草，以及集约玻璃温室里蔬菜混合种植中均能看到这一点。自从澳大利亚人引进了中国菜农的混合种植后，荷兰的农产品产出也得到了明显的提高。赛克瑞特(F. A. Secrett)先生告诉我他第一次在墨尔本看到混合种植，我相信他是把这一系统大规模引进英国的第一人。

种植和养殖间的平衡一直要维持。虽然东方农业中种植业通常要比养殖业重要，我们还很少或没有发现没有养殖的种植业。这是因为黄牛要用来耕地，水牛则用来产奶。水牛是东方的奶牛，它不仅用来耕地还用来生产大量的牛奶，欧美最好的奶牛面对东方水牛的食物恐怕要饿死了。生活在热带村庄的印度水牛更为特别，它们能明显改进土壤肥力及人类营养状况。但是如同在其他地方一样，动物的废弃物并没有完全在土地上得到利用。中国人很早就认识到动物粪便的重要性，以及动物废物在堆肥制作中的价值。在印度，人们很少关注这些废弃物，大部分牛粪被作为燃料烧掉了。而在绝大部分东方国家，人粪尿都被用来还田。在中国，人粪尿可直接施到作物上，在印度则在每个村庄周围大量堆积起来，然后人们会逐步利用并在几年内将其扩散到较远的地点，结果围绕村庄使用人粪尿的集约化农业面积至少会增加1倍。对印度政府来说，这倒是一个不需要花费卢比却能增加农业生产的机会。印度有50万个村庄，每个村庄周围就是一个肥沃的土地圈，而且人们还习惯于一直添加肥料。这些田块上生长的作物产量都比较高，而且植物明显地不会得病。尽管仅在印度就有50万个把肥沃土壤和健康植物联系起来的案例，而且这些自发的试验已进行了数个世纪，远早于英国洛桑（Rothamsted）试验站；但现代农业科学并未注意到这些结果，而且还坚定地拒绝这些成果，主要是它们缺乏数学的支持。他们有时还倾向于一些见解，如鲁道夫·斯坦纳（Rudolph Steiner（1861—1925），奥地利哲学家，生物动力农业的创始人。）的思想，后者认为农业中使用人粪尿是有害的。

人们还普遍种植豆科作物。虽然直到1888年，经过长达30年的辩论，西方科学最终承认了豆科作物在培肥土壤中的重要作用，而在东方同样的经历已过去了数个世纪。古老实践中各地的轮作体系中都离不开豆科作物，在一些地区如印度恒河平原，一种木豆还被作为深层土壤的“耕种者”。这种豆科作物向土壤深处扩展的根系促进了板结黏土的通气状况，类似于英国林肯郡霍兰地区发生的情形。

通过使用木制犁（尖顶是铁的）进行的土壤耕作通常是基于表层的，

西方使用的破坏杂草的翻转犁(inverting ploughs)在东方从未出现过，其原因有二：一是在这样一些炎热气候带，杂草不需要翻转犁来破坏，有太阳就够了；二是保持田块的高度在排水、积涝及灌溉的管理方面很重要。近期人们又提出了表层耕作的另外一个原因，即土壤有机质中的氮应仔细地保存好，它是耕作者劳动资本的一部分，太多的耕作和深耕会氧化掉这些库存，不久土壤肥力平衡也会被破坏掉。

水稻在任何时间都能种植，到目前为止东方最重要的作物就是水稻。就像前面提到的，印度的水稻生产超过其他任意两种作物的总和，只要水土资源允许，人们就会种植水稻。粗看起来，水稻生产好像违背了西方农业科学的一个重要原理，即谷物生产要依赖于氮肥。印度许多地方大面积的水稻种植年复一年就在同一块地上而且不使用任何肥料，这些稻田输送了大量的稻谷到城市和国外，相应地这些稻田并没有进口和使用合成氮素。以缅甸为例，截至 1924 年的过去 20 年中，在约 6 070 万亩土地上共出口了 2 500 万吨稻谷，按稻谷含氮 1.2%估算，有 30 万吨氮素被运到国外，氮素的耗竭肯定不是通过进口粪肥来补偿的，这样似乎土壤肥力会面临逐步的丧失。但实际上，无论在缅甸，还是孟加拉，他们那里同一块地已种植水稻数个世纪，但肥力的下降并未发生。很明显土壤一定从别的方面获得了新鲜的氮素，否则作物就会停止生长。唯一可能的来源就是大气氮素的固定，或许就发生在稻田表层漂浮的水藻层中。这也是目前热带农业需要研究的一个问题。

水稻从哪里获得氮素？一种来源是从大气中固定，另一种来源是幼苗，即在种苗培育时使用了大量的牛粪。水稻幼苗中储存有大量的氮素和其他养分，在移栽期由于有这些不同的养料促进了植物的健康生长，而且这种氮素补充可能一直延续到后期生长。水稻幼苗的肥料管理说明了一个普遍的原理，即在肥沃的土壤上开始种植一种作物时，要让作物在其生长过程中尽早地吸收到所需的营养。

劳力的供应是充足的。每一个地方劳力都很丰富，那些人口密集的农村地区也是这样。在印度,如果一年内那些耕种者和他们的牲畜的休闲时间可以按当地价格折算为金钱的话,则可以得出一个相当大的数字。但是这些休闲时间并非全部被浪费掉,它可帮助耕种者和牲畜从繁重的播种收获劳作中恢复过来。在农忙期,每个人从太阳升起劳作到太阳落下,土地的准备和播种需要极大的细心和技能,农活必须在很短的时间内完成,因此就需要大批的劳动力。

可以看到,在这一小农系统下人口对土地的巨大压力导致了贫穷,最明显的像在印度小农系统需要精细的农作,但目前人们仍采用着粗放的耕种方法。令人惊奇的是,尽管存在这一不利因素,印度的土壤肥力却已保持了数个世纪,这是因为一些自然的方法得到了应用,并不归功于人工肥料。同样地,农作物在没有一点药物的保护下却可以忍受来自害虫和真菌的危害。

西方农业实践

西方农业的主要贡献在于尽可能满足三种需求:一是农村人口包括牲畜的口粮需求;二是城市地区的增长需要,从土壤肥力角度看城市人口是没有产出的;三是机器生产中对原材料的不断需求。19 世纪以来城市人口得到了空前的增长,机器由于其高效率也在不断增加,利润减少后人们又通过增加制造产出来弥补。所有这些都加重了土地的负担,以及对肥力的渴求。人们应该抱着兴趣以批判的态度来分析西方的农业,以及如何实现农业与增长目标间的协调?这可以通过分析以下主要特征来了解。

农场规模趋于扩大。西方农场规模相差很大,有法国、瑞士的小农户,俄罗斯的集体农庄,还有美国和阿根廷空旷的牧场。农场规模增加的过程中伴随着单位面积劳力的减少。比如在加拿大,每 1 000 亩耕地上的工人数量从 1911 年的 4 人减少到了 1926 年的 3 人,而后仍在减少。

这是由于劳动力的缺乏和高价导致的，也引发了对节省劳力设备的研究。

单一种植十分普遍。几乎所有的地方都是单一种植，很少混合种植。在北美富裕的草地上，人们都不知道轮作是什么。小麦种了一茬又一茬，人们从不想着把麦秸混合人、畜粪便后转化成腐殖质。麦秸被看做一种烦人的累赘，每年一把火烧掉了事。

牲畜被机器快速替换。西方农业的一个显著特点是快速的机械化。只要有一台节约劳力和畜力的机器被发明出来，很快就会得到推广。到处是引擎和汽车，农业的电子化也在启动中。所有小麦生产区移动的联合收割机就是西方农业机械化的最新典范。耕作趋向于既快又深，人们越来越认为土壤翻扰越频繁和越深，就越有利于作物生长。松土机(gyrotiller)(一种既重又贵的土壤搅拌机器)的发明就是对这一需求的响应。罗马帝国时期的奴隶换成了机械奴隶，但是靠内燃机和电动机替代牛马也会带来一个不足，这些机器不会排泄粪尿，对土壤肥力没有任何一点贡献。这样看来，西方农业的奴隶还比不上古代罗马的奴隶。

人工肥料的广泛使用。西方施肥的特点是人工肥料的使用。战争期间利用大气氮素生产炸药的工厂必须找到新的市场，于是农业上的氮肥施用增加了，到现在绝大多数的农场主和园艺业主把施肥建立在可从市场便宜购入的氮、磷和钾上。化肥的简单好用思想充斥在农场、试验站和农村，这些扎根在国家紧急时期的既得利益者，又一次获得了收益。人工肥料与农家肥料相比，用工少且麻烦少。拖拉机在动力和速度上远胜于马，它不需要饲料和休息期间高昂的照料。有了化肥和拖拉机，经营一个农场就显得简单多了，也很容易得到一个满意的收支账目，但这时的农场是需要付钱的。反过来看，这些化学品和机器与保持土壤一点关系都没有，使用它们后系统的生长过程永远不会被分解过程所平衡，所完成的就是把土壤资本转变成了现金。很显然这种不需要任何动物的农场只能走向衰亡。

病害呈上升趋势。随着人工药物的喷洒和每块肥沃土壤中已有腐殖质的耗竭，一个相应的趋势是作物和动物的病害趋于增加。当口蹄疫(foot-and-mouth disease)在欧洲蔓延时，它在东方饲养良好的动物中并不明显，通过比较我们可以得出这样的结论：错误的农作方法与动物疾病间有着紧密的联系。一些作物如马铃薯和水果在农家肥使用减少和肥力降低的情形下必然伴随着药物的喷洒。

食品储藏趋于增加。西方农业的一个特点是食品储藏工艺的发展。通过储藏延长了农产品如肉类、奶品、蔬菜和水果从土壤向餐桌的供应时间。这里包括采用冷冻、CO_2 调节、干燥和灌装。虽然采用这些方法可以保藏食品，但经过一段时间，比如 25 年后，这些措施对社区的健康有何影响？人们可以保留住食物的原始新鲜度吗？如果能做到，则实实在在是科学的一大贡献。

科学被用来帮助生产。西方农业的另一个特点是农业科学的发展。通过努力已建立了一些分支科学来研究农业问题和提高土壤产出，并成立了数量众多的实验站，每年都会抛出大量的书面建议。

农业"高速发展"的想法濒临失败。被剥夺了培肥权利的土壤母亲在反抗着，土地正在罢工，土壤肥力在退化。当我们审视一个国家，如英国是如何满足人口和机器需求时，毫无疑问我们发现英国土壤已不能再承受这些压力。美国、加拿大、非洲、澳大利亚和新西兰的土壤肥力在快速退化，英国真正的农场只在那些最好的土地上还保留着。越来越严重的土壤流失导致了世界土壤肥力的退化，其严重程度已频繁地被媒体和政府部门披露出来，比如在美国，政府机构已被劝说来保护遗留下来的土壤。

人们从土壤肥力角度已对农业历史文献进行了总结，并汇总了不同农业系统的主要特征，其中最重要的就是模仿自然(如森林)的做法。在自然界，生物在充分利用阳光和雨水的过程中保持了较高的产出，同时在保持肥力的过程中又储存了大量的腐殖质。**中国农民非常重视所有**

废弃物的回田利用，他们的做法接近于自然的理想状态。他们在有限土地上养活了众多人口，肥力并未丢失。古罗马农业在肥沃的土地上没能保持住土壤而失败了。西方的农民正在重复着罗马帝国犯过的错误，所不同的是，罗马时期的土壤仅需要满足相对少量人口的饥饿要求，当时的机器需求还不存在；而西方随着众多人口和大量机器的出现需求在迅速增加，土地的压力也因而加重。罗马帝国延续了 11 个世纪，超级西方能坚持多久呢？答案取决于人类在处理这些事情时的智慧和勇气。人类在管理这些事务时能否保持住土壤肥力这一主要资产？对这一问题的回答也是未来文明的目标所在。

参考文献

Agricultural Statistics of India，1，Delhi，1938.

Howard A，Howard G L C. The Development of Indian Agriculture. Oxford University Press，1929.

King F H. Farmers of Forty Centuries or Permanent Agriculture in China. Korea，and Japan. London，1916.

Lymington Viscount. Famine in England. London，1938.

Mommsen Theodor. The History of Rome transl. Dickson，London，1894.

Wrench G T. The Wheel of Health. London，1938.

第一部分

土壤肥力在农业中的应用

第二章　土壤肥力性质

土壤肥力是什么？它的确切含义是什么？它如何影响土壤、作物和动物？怎样才能全面地认识它？本章将试图回答这些问题，并阐明为什么土壤肥力是任何持久农业系统的基础。

土壤肥力的性质在与自然圈联系起来后才会理解清楚，在这里我们必须一开始就把自己从传统研究中解放出来。现有农业问题常通过分散的科学研究和常规田间实验结果的统计分析来解决，把一个问题分成许多部分，以一种细分化的科学方法来研究农业，这只在发现新事物时是合适的。我们必须接受一种综合的方法，把一件事情当做一个生命车轮（wheel）来看待，而不是毫无关联的拼凑。

生命循环的所有阶段都是紧密相连的，是自然活动所不可或缺的；每一个部分都是同等重要的，不能被忽略。这样我们在研究土壤肥力时就要与自然系统联系起来，并采用与之相关的研究方法。我们不必力求定量的结果，定性的结果也经常需要。我们要把土壤肥力看作研究一宗生意，在平衡表格上填上收入和支出，经常关心的是什么？采用了什么管理方法？生意上关心的是“整体”，不是具体交易或本年度的收支。这就是土壤肥力，我们必须认识森林，而不是单个树木。

生命的车轮由生长和腐解两部分构成，相互对应着。

让我们先来讨论生长。土壤长出了作物,作物构成了动物的食物,作物和动物则被人类食用和消化。通常,我们都知道生长良好的、充满活力的人类是自然进化的顶峰。从土壤到人类这一生命链条没有中断,生命车轮的每一部分都是不间断地贯穿着,是一个整体。每一步连着下一步,因此必须作为一个整体来研究。

维持这一机器运转的能量来自太阳,绿叶中的叶绿素完成了拦截太阳能量的任务,植物就可制造出食品,即利用水、根系吸收的其他物质和大气中的 CO_2 来合成碳水化合物和蛋白质。因此,绿叶的光合效率就显得非常重要,正是通过它为我们的星球提供了食物,也才有了我们的幸福和其他活动。我们还没有其他替代的营养来源,没有阳光、绿叶,我们的工业、贸易和资产很快就变得一无用处。

影响绿叶工作的主要因子是土壤条件和植物根系。植物和土壤的搭配通过根系的根毛和菌根两种方式完成。这种联系的首要条件是土壤内表面或孔隙在作物整个生长期应尽可能地大,正是在这些覆盖有细薄水膜的孔隙壁上,进行着土壤的许多实质性的活动。土壤生物,主要是细菌、真菌、原生动物在这些水膜上完成了它们的生活史。

土壤和植物联系中了解最多的是根毛,它们是幼根外层细胞的延伸。它们的任务是从孔隙壁的水膜中吸收水和溶解盐供给绿叶。实际上营养物质不是通过这一方式到达植物的,只有一些简单物质被绿叶吸收后合成了食物。土壤孔隙的作用依赖于有足够数量氧气的呼吸,并产生一定量的副产品 CO_2。为了保持氧气的供应和减少 CO_2,孔隙应与大气保持交换。土壤必须是可通气的,耕作因此显得重要起来。

由于多数土壤生物不具有叶绿素,而且要在黑暗的环境下活动,因此必须给它们提供能量。这些能量就从腐殖质氧化而来,而腐殖质是由部分氧化降解的动植物残体和细菌、真菌产物合成的一类物质。腐殖质还把细小的矿物土壤颗粒黏结成更大的团粒以增加和保持孔隙度。如果土壤缺少腐殖质,土壤孔隙容积会降低,土壤通气性受阻,土壤生物得不到充足的有机物，土壤物质能量转化就会停滞下来，土壤根系需要的氧气、水分、溶解盐会减少，绿叶中的碳水化合物和蛋白质合成变得缓慢，植株生长必然受到影响。因此，要使土壤生命循环得以启动并正常运转，腐殖质是最基本的物质保证。

还有一个理由能说明腐殖质的重要性，它是土壤和植物联系的第二种方式，即菌根发挥作用的必备条件。在这种情形下，一些生活在腐殖质中的土壤真菌，能进入幼根的生长细胞中，并与植物建立起紧密的联系。这种共生现象的细节目前仍在研究和讨论中。土壤真菌和植物细胞生活在一起，其合作的紧密程度大于地衣中藻类和真菌的组合。真菌是否受益尚未确定下来，但植物受益是很容易理解的。把这种根系的培养液置于显微镜下，就可观察到不同消化阶段的真菌菌丝体。这种合作关系的结果就是根系消耗了真菌，并把真菌从土壤腐殖质部分获得的碳水化合物和蛋白质一并吸收掉。菌根就是肥沃土壤（富含腐殖质）与作物之间直接相连的一座桥，通过它一些可利用的物质从土壤转移到植物体。菌根如何影响绿叶工作目前仍属一个极具趣味的科学问题。绿叶中碳水化合物和蛋白质的有效合成是否依赖于这些土壤真菌的代谢产物？很可能如此。这些根际的代谢产物是否有抗病性和优质属性？也可能是。如果这些属实的话，那么人类的健康和福利也离不开这些高效的菌根作用。

在一块肥沃的土壤中，土壤和植物间同时存在着根系和菌根这两种连接方式，腐殖质在建立和维持这种联系中是必须的。因此，腐殖质就成为生命链条中的一个关键组分，没有它，生命车轮就不会有效发挥作用。

前面已经讨论过了，从任一个森林地表我们都可看到腐解这一过程，正是通过它完成了生命的车轮。从中也可看出动植物残体是如何转变成腐殖质以及树林是如何培肥自身的。

这些就是生命车轮的事实：一方在生长着，另一方在腐解着。自然农业在这两种过程间实现着一种平衡。**人类唯一建立的人工农业系统，也就是东方农业，因诚实地复制了自然法则而经受住了时间考验。成功的农业所遵循的首要法则就是在生长和腐解过程间保持正确的关系。农业在任何时候必须得到平衡，当生长加快时腐解也要加速。**反过来，当土壤储备被肆意浪费时，作物生产就会停止下来，想要成为一个好农场是不可能的。农民这时就变成了一个土匪。

现在可以给出一个**土壤肥力**的清晰定义了。**它是指富含腐殖质的一种土壤条件，有了它，植物会生长的快速、稳定和高效；它也意味着丰产、优质、抗病等这些特征。一个土壤当长出完美的小麦时就是肥沃的土壤，一片草地当生产出一级标准的肉和奶时就是好的土壤，一个生产园艺作物的地区当其蔬菜质量最好时肥力也就达到了顶峰。**

为什么土壤肥力如此显著地影响着土壤、植物和动物？答案是其含有的腐殖质。腐殖质的性质和特点与它的分解产物都很重要，我们一定要认识到这些。

什么是腐殖质？这一问题由于有了魏克斯曼（Waksman）发表于1938年的腐殖质专著（第2版）变得简单起来，在该书中他对近1 311篇论文作了耐心的整理。他给出的定义是：

> 腐殖质是一类呈棕至黑色的无固定形状的有机复杂团聚体，它来源于好氧及厌氧条件下，在微生物作用下动植物残体的分解产物，通常发生在土壤、堆肥、泥炭坑和水相盆地。从化学角度分析，腐殖质包括植物源的难分解的组分，正在分解的组分，经水解、氧化和还原降解产生的复杂物质，以及经微生物合成的不同物质。腐殖质是一自然产物，也是一复合体，就如同植物、动物和微生物一样；从化学成分上，它甚至比它们还要复杂，因为所有这些生物均参与了腐殖质的形成。腐殖质具备一些特定的物理、化学和生物性质，这使它与其他自然有机体区分开来。

腐殖质本身或通过与一些土壤无机组分作用形成了一种复杂的胶体结构，这些不同组分通过表面张力保持在一起。该结构体系能适应水分效应、电解质反应条件的变化，与此同时土壤中也发生着大量的微生物活动。

从化学和物理角度看，腐殖质不是一种简单的物质，而是由一组非常复杂的有机物构成，这种结构又决定于它形成时动植物残体的性质，这些残体分解时的条件以及分解的程度。因此，不同地方的腐殖质必然有不同的结构，它就是一种环境的产物。进一步讲，腐殖质还是活的，其上居住有大量的微生物，并提供营养给它们。自然状态下腐殖质是在变化的，不是静止不变的。**从农业观点看，我们面对的不是一堆简单的死的物质，像一口袋硫酸铵那样可以根据化学成分分析和评价，而是一组巨大的有机复杂体，其间生活着一些看不见的“劳动者”，从这点看，腐殖质也是农场的重要一员。**

腐殖质的这种多维特征使之值得给与关注，也可帮助人们深刻地认识到其与化学肥料的区别。现在世界各地都在开展基于氮素的田间试验，以比较腐殖质和不同化肥的效果。粗读一下腐殖质的性质就会发现这些田间试验从一开始就误解了土壤肥力，因为是误导的，因此也是无用的。

魏克斯曼（Waksman）总结了腐殖质的特性如下：

（1）颜色由深棕到黑色。

（2）基本不溶于水，只有部分可能存在于胶体溶液中。在稀释碱性溶液中可大部分溶解，尤其在蒸煮条件下会产生黑色浸出液。在碱性溶液被无机酸中和后这些浸出物又会沉淀出来。

（3）腐殖质含有大量的碳，高于植物、动物和微生物，碳含量一般为55%～56%，经常会达到58%。

（4）腐殖质含有一定量的氮，通常为3%～6%，有时会低，如在沼泽泥炭中只有0.5%～0.8%，有时会高达10%～12%，如在土壤下层。

(5)腐殖质中C∶N比接近10∶1,许多土壤和海底腐殖质也一样。该比值因腐殖质的性质、分解所处阶段、土壤性质及深度、气候和其他环境条件而有所变化。

(6)腐殖质不是静止不变的,而是动态变化的,因为它一直在由动植物残体形成着,也一直在被微生物分解着。

(7)腐殖质为众多微生物的生长提供了能量,并在分解过程中释放出了 CO_2 和氨。

(8)腐殖质还具有离子交换量高、与土壤其他部分结合程度高、吸水膨胀性好等特点,而且还具备其他物理及化学性质,为植物和动物生活提供了大量有价值的基质成分。

除此之外,腐殖质还要加上一条,即它的黏结作用。正是这种黏结特性形成和维持了土壤颗粒,这对保持土壤耕性很重要。

腐殖质对作物的影响是深远的。与自然交往亲密的农民可以通过看一眼作物就知道土壤腐殖质是否丰富。植物的习性会发展出一些人格化的东西,树枝是有特点的,叶片需要健康的光亮,花朵发育出了不同深度的色彩,植株上的细小形态特征变得越来越清晰,根系的发育是极其丰富的,有活性的根系不只显得饱满,而且还极为茂盛。

腐殖质对作物的影响不仅局限于这些不同器官的外观特征,还影响到产品的质量。种苗发育的好,就会生产更多的产品,也会让牲畜得到满足。这在毁坏了的土地上是不能提供的。食物若产自肥沃的土壤,动物取食的都会少一些。**腐殖质丰富的土壤上产出的蔬菜水果质量一定是最好的,并保持着这种优势。**葡萄的质量也一样。在法国这样的国家里,几乎每一个村里人都了解这些,不需要一丁点儿提示就能侃侃而谈。

近来研究的一个有趣案例是有关土壤肥力和饲料品质间的关系。它发生于普罗旺斯(Provence)萨隆河(Salon)与白羊河(Aries)间的克呼(Crau)牧场上,这里的人们用泥水灌溉着农田,泥水中含有来自迪朗斯(Durance)细小的石灰,同时普遍地使用着农家肥。土壤空旷、透水性好，排水通畅，涉及土壤肥力的所有因素都具备，包括充足的有机质、水分和气候条件。每个牧羊人一看到这些牧场就会被触动。在制作干草的季节，沿着田边漫步，你会感到这里的动物一定是健康的。每年会产几次干草，干草的质量很好，甚至会用卡车把草捆包运到很远的许多赛马马厩中，还出口到英国的纽马克特(Newmarket)。赛马的细小肠胃需要这种上品的草料，克呼牧场帮助实现了这点。

这些灌溉牧场的来历也十分有趣。它来源于人们想建立一个施肥试验样板，还是当地一些前辈的观察实践？我怀疑第二种选择更贴近实际。近来在洛桑试验站的研究可以帮助回答这一问题。在讨论土壤肥力与产品品质间关系时，文献中没有这样的证据，但普罗旺斯的农民提供了这样的证据，并且其好的外形品质通过满意的价格反映了出来。现在衡量质量的唯一办法似乎就是通过出售价格来反映，不能采用实验室的方法称重和计算。事实上品质差异是存在的，而且它还是农业生产中非常重要的因素。很明显一些试验站没有掌握住这一点，但农民做到了。因此，试验站与农民间的有效沟通应尽快建立起来。土壤肥力对牲畜的影响可以从田块中看出来，因为牲畜依赖于作物，我们就自然想到植物的一些营养特性就会传递到牲畜。肥沃土壤的效果可以立即从动物的生长状况中看出来，如在英国一些知名牧场的育肥小公牛上就可以很容易地观察到。小牛看上去光泽很好，皮肤健康，眼睛明亮可爱。小牛的姿势即预示出健康和快乐，不需要称重或测量。一个习惯与优质养殖场打交道的成功的放牧者或屠夫看一眼就可以判断出这些牲畜及土壤的管理是否到位或存在问题。肥沃的土壤及正确的管理可以通过这些动物在市场上售出的价格以及该农场主在市场中的声望来衡量。在培训农业调查人员时，应要求他们陪同一些最好的牲口从牧场走到市场，看看到底发生了什么？他们可能立即会发现最肥沃的牧场才会产出最好的牲畜，拍卖人和购买者会很快发现这些优质牲畜，并卖出一个好的价钱。该牧场的名声也会传递到屠户和他的客户中间。

腐殖质还会带来对病虫害的抗性，或许最好的例子来自东方。在印度，生长在50万个村庄周围高度肥沃土壤上的农作物很少受到害虫的影响，这在后面的章节中还会详细讨论。

土壤肥力不仅影响到作物和牲畜，还会影响到当地的动物区系。河流经过肥力水平完全不同的地区时其中的鱼类即有区别。艾萨克·沃尔顿（Isaak Walton）在其著作《钓客清话》的第五章做了如下描述：

> 接下来我要告诉你的是，确实是这样，经过观察靠近莱明斯特（Leominster）[赫里福德郡（Herefordshire）的一个镇]的一些地块上生长的绵羊要比附近的肥很多，产出的毛也细。更确切地说，饲喂这块特殊牧场牧草的那一年，羊毛产的就比往年没饲喂时要细；当它们回到旧牧场时，羊毛又变粗了，再回到这块地上就又变细了。我告诉你的这些你完全可以相信。当我在一片草甸捕到一条鳟鱼时，它可能是白色的、虚弱的，还很可能是污秽的；但在临近的一块草甸中抓到的鳟鱼可能就是强壮的、红色的、活泼的，肉质更好。相信我，学者们！我曾在一块草甸中捕获过很多鳟鱼，它的外形和珐琅彩让我如此高兴，这种快乐可以用所罗门的话来概括：在它的季节里万物都是美丽的。

土壤肥力就是大自然活动创造的一个环境条件，这些活动既包括生命车轮的逐渐演化，也有农业第一法则（即生长过程与腐解过程间的平衡）的认识和实践。其结果应该是一个活的土壤，丰产、优质的作物和健康的动物，腐殖质就是土壤肥沃和农业繁荣的关键。

参考文献

Rayner M C. Mycorrhiza: an Account of Non-pathogenic Infection by

Fungi in Vascular Plants and Bryophytes. London, 1927.

Mycorrhiza in Relation to Forestry. Forestry, viii, 1934:96; x, 1936:1; and xiii, 1939:19.

Waksman S A. Humus: Origin, Chemical Composition, and Importance in Nature. London, 1938.

第三章　肥力恢复

一旦人类开始了种植作物和饲养动物的活动，自然过程就要被干预了。由于食物的种植和其他原材料（如毛、皮、植物纤维）的生产，土壤肥力不断被开发和利用；直至西方工业革命的前期，农业活动导致的腐殖质损失主要是通过废弃物的归还和开垦荒地来弥补的。

当生产过程中的废弃物归还与腐殖质损失达到平衡时，农业系统就变得稳定起来，肥力不会降低，前述的中国例子就是这样。欧洲大部分地区，包括英国采用的古老混合农作，也实现了种植与养殖的平衡。采用羊圈（sheep folding）、短期牧场等把废弃物转化为农家肥都是具体例子。

不断地开垦新的土地以代替旧的土地已进行了数个世纪，并且还在进行着。有时还会因此发生战争和侵略，或仅仅是发现新鲜的草地和森林后就据为己有。还有一种原始部落采用的方法，就是毁林开荒，将腐殖质转移到种植作物中，一旦地力耗尽即撂荒重新恢复植被，形成新的腐殖质，土壤肥力通过这种粗放式的做法也保持了下来。这种轮歇耕作仍在世界各地存在着，但如同开垦新地一样，这些做法只有在人口稀少、土地充足的情形下才可采纳。这一烧荒措施还被西印度地区吸收到其农业生产体系中，在那里水稻秧田难弄的土壤必须在热季的最后一段准备好，并在雨季的中断期把秧苗移栽到田里。这时要在苗床上覆盖一些树枝然后点火烧荒。大火破坏了胶质黏土，恢复了耕性，使得后续苗床上的施肥、耕作得以顺利进行。

想破坏一个平衡的农业系统是件很容易的事。当食物和原材料的需求增加，生产这些产品能得到很好的价格时，施加在土壤肥力上的压力变得剧烈起来，把肥力转变成金钱的诱惑就变得无法抗拒。西方农业在快速发展压力下发明出了蒸汽机、内燃机、汽车和其他交通工具，一个个工厂竖了起来，劳力需求增加，城市人口膨胀，所有这些又对食物和原材料产生了新的需求。要满足这些需求只能有三种办法：把全世界的现有肥力转变成金钱，利用人工肥料暂时替代土壤肥力以及两者的结合。结果就使农业变得不平衡，也不稳定起来。

让我们从废物利用角度简单回顾一下西方农业，以发现腐殖质收支间的差距（目前是用人工肥料弥补的）是否能缩小或完全消除？如果这一点是可能的，我们就可以做些事情以恢复农业的平衡，让它变得稳定和长久起来。

土壤有机质的来源有很多，包括：①作物、杂草根系和作物秸秆，后者在耕作时可以返回土壤；②表层土壤上的藻类；③短期牧草，荒草地上的草皮、填闲作物（catch crops）、绿肥；④动物尿液；⑤农家肥；⑥城镇垃圾；⑦一些工业废物，来源于农产品加工；⑧城市废弃物；⑨水草，包括海藻。这里只简单提一下，后面章节还会分别详述。

秸秆残茬还田

人们常常没有意识到，近一半的当季作物产出主要是根系，并在收获时会留在地里，因此为土壤不断地提供了有机质。杂草及其根系在耕作犁翻时也会补充到土壤里。这些残体，加上大气固氮以及良好的土壤管理，保障了珍贵的腐殖质库存，就可在不增加任何肥料（除非偶然的动物和鸟类粪便)下实现较低水平的作物持续生产。印度联合省冲积平原土壤上的农业系统就是这样一个例子,在那里10个世纪以来的田间记录证明,作物年复一年保持了较低的产量,土壤肥力也没有任何下降。该体系在收获作物的肥料需求与肥力自然恢复间达到了一个很好的平衡。

重要的是,不要出现过度种植,不要在错误的时间种植,或不要靠化学肥料促进土壤过程。这样的农业系统只提供了一个基准水平下的农业发展。洛桑试验站的小麦长期试验提供了一个类似的但更有说服力的结果,小麦自1844年在同一块地上种植,而且这块地自1839年就没施过肥,在前18年里小麦产量表现出缓慢的下降,而后又逐渐稳定下来。在这个例子中,腐殖质库存来自于前期20年的混合种植。该试验的两个明显的不足是:它并不代表任何的农业系统,仅能代表自己;从未考虑过防止蚯蚓及其他动物以排泄物形式和从周围地块带进一定量的肥料。该试验面积太小,不能给出重要的结果。

土壤藻类

土壤藻类在热带比在温带的作用更大。尽管如此,藻类在所有土壤上均会发生,并在维持土壤肥力中发挥着作用。像在印度这样的国家,雨季结束时土壤表层会形成一厚层藻,可以固定大量的氮素以不致淋失掉。当这些藻膜形成时耕作就会停下来,杂草可以继续生长。到10月份要播种冷季作物时,就把土地彻底耕翻一次,这些易分解的、富含氮素的、细碎的有机质就会转化成腐殖质和硝酸盐。寒冷地区是否能采用类似的方法还需研究。东方的耕作很大程度上是与生命周期相吻合的,在西方耕作则仅被看做一件作业的结束,并非生命周期中的一环。在土壤耕作方面,欧洲可以从亚洲学到很多。

短期牧草、填闲作物、绿肥和荒草地上的草皮

西方农业中最重要的腐殖质来源或许就是短期牧草、填闲作物、绿肥和荒草地上的草皮。所有这些作物有很大的根系，长期和短暂的牧草种植可带来足够的有机残体，并积累在土壤表层。绿肥和填闲作物均可产生一定数量的柔软、易分解的秸秆。在有效利用这些作物的情形下，可以为土壤带来大量的新鲜腐殖质，而且这些维持土壤肥力做法的效率，是可以得到明显提高的。

动物尿液

利用蔬菜残体生产腐殖质的关键原料是尿液，即动物的液体排泄物。其中含有可溶的和各种形式的氮素与矿物质，以及所有可能的生长物质，这些都可为细菌和真菌分解不同类型的纤维素提供营养，这也是腐殖质合成的第一步。这些尿液还含有各种已知和未知、已发现和未发现的成分，可以用来形成一个肥沃的土壤。利用尿液恢复土壤肥力的做法要么被遗弃，要么没有得到正确使用。光凭这一点，就可解释为什么西方农业是这样的脆弱。

农家肥

施农家肥虽然一直被看做是补充土壤损失的主要措施之一，但很可悲，直到现在，我们还不知道如何制备它。农家肥制作是西方农业最弱的一环，几个世纪以来这一缺点已成为西方农业的根本错误。它也是一个彻底被许多观察者和绝大部分研究者忽略了的题目。

垃圾

实际上那些混有杂质的纤维及厨房垃圾并没有用于农业，而是进到城市垃圾桶，然后大部分被填埋或焚烧。

动物残体

食品和一些原材料加工中产生的部分残体已被土地利用，并形成相应市场。动物残体包括血粉、羽毛、脂渣、毛发、蹄角、兔垃圾、屠宰垃圾、鱼垃圾等，绝大部分这些残体都有一活跃的市场，原因是这些残体能给土地带来明显效果，唯一的缺陷是供应有限。从工厂中产出的有机废弃物包括受损的油饼、毛绒次品和制革废物，其中毛绒工厂产出的次品非常重要。这两种来自动物和加工的废物，可直接施用到土壤中，而且价格都很高，高于人们仅依据氮磷钾含量给出的期望价格，这是因为土壤急需腐殖质，而腐殖质供应又十分有限。在未来，这些残体较好的利用方式可能是把它们作为堆肥的原料，这样在农家肥供应紧张的情况下就可利用它们替代尿液来分解当地纤维状垃圾。

水草

土壤培肥中很少用到水草，其中海藻又可能是最有用的。每年人们在海滩上会多次看到大量的海藻被遗弃在那里，其中含有碘和动物残体，经过利用可以把植物残体转变成腐殖质。海边许多度假地可容易地利用海藻和垃圾生产相当数量的腐殖质，并回到周围的农场和园艺市场，以实现当地农业的平衡。但是在这一方向上很少或几乎没有人在做。有时农户会在海滩上收集海藻，收成也很好，但在堆肥中系统地应用海藻尚属一未来议题。河流带走雨水的同时，也带走了相当数量的氮素和矿物质。大部分这些物质是可以通过在河流边缘种植一些合适的植物来截留下来，这些植物又可提供足够的易分解物质用于腐殖质的生产。

人粪尿

现在人粪尿基本上与土地是无关的。在城市地区，由于人口集中因此建立起了水处理系统，最大的问题是缺乏足够的土地来接纳这些废弃物。但在农村地区，想要利用这些废弃物是没有难以逾越的障碍的。

很明显，几乎每一种情形下西方农业的植物与动物废弃物要么被彻底废弃了，要么利用不合理。作物生产中腐殖质供需间的差距在自然扩大，缺少的部分被化肥所弥补。其依据的基于李比希(Liebig)的原理是：土壤溶液中任何的缺素都是可以通过添加适宜的化合物来满足的。这是对植物营养的彻底误解，是浅薄的和根本上不健全的。它没有考虑到土壤的生命特征，包括菌根互作的作用，正是这种真菌桥把土壤和植株联系在一起。**人工肥料的使用不可避免地会引向人工营养、人工食品、人工动物，最后是人工男人和女人。**

作物生长中化肥使用的简便使得正确利用废弃物异常艰难。如果存在一种便宜的腐殖质的替代品，为什么不用它呢？答案分两方面：第一，化学品永远不会成为腐殖质的替代品，因为大自然已经注定土壤必须是活的，菌根互作必须是植物营养中的重要一环；第二，这种替代品在肥力失去后肯定不会便宜，因为土壤肥力在任何一个国家都是最重要的资产，因为人工植物、人工动物和人工人类是不健康的，只能靠药物喷洒、疫苗、血清、昂贵的专利药物、专门医生、医院等来保护。

当需要把作物生产经济与它相连的众多社会服务(用来修补一个不健全农业带来的后果)一并考虑时，以及当人们深信我们最大的资产就是一个健康的、富有活力的人类自身时，廉价的人工肥料就会完全消失。将来有一天，化学肥料会被当做工业时代最伟大的罪恶之一，我们这个时代的农业经济学家的教育也将因浅薄而被开除。

本书的下一部分将讨论西方农业的改革和平衡，以及化学肥料的放弃。

参考文献

Clarke G. Some Aspects of Soil Improvement in Relation to Crop Production// Proc. of the Seventeenth Indian Science Congress. Asiatic Society of Bengal，Calcutta，1930：23.

Hall Sir A Daniel. The Improvement of Native Agriculture in Relation to Population and Public Health. Oxford University Press，1936.

Howard A，Wad Y D. The Waste Products of Agriculture：Their Utilization as Humus. Oxford University Press，1931.

Mann H H，Joshi N V，Kaniticar N V. The Rab System of Rice Cultivation in Western India. Mem. of the Dept. of Agriculture in India（Chemical Series）. ii 1912：141.

Manures and Manuring. Bulletin 36 of the Ministry of Agriculture and Fisheries. H. M. Stationery Office，1937.

第二部分

印多尔工艺

第四章　印多尔工艺

印多尔工艺是一种利用作物秸秆和动物粪污等生产腐殖质的方法，这种工艺是1924—1931年在印度中部城市印多尔（Indore）由当地的植物工业研究所总结提出的。以该地名来命名这一工艺主要是为了纪念所有为这一工作做出贡献的印多尔人，他们帮助我顺利地完成了我的研究工作。

尽管印多尔实际工艺的完成只花费了7年时间，但为此所进行的相关研究花费了我25年多的时间。这些工作主要围绕两方面的研究工作展开：一是对植物病害的关注和忧虑，这一话题将在第十一章《动植物病虫害》中再做详尽的论述。在这些研究中我们观察到，维持土壤肥力才是健康和抵御病害的真实基础。通常由于不合理的农作方式或者贫瘠的土壤，也有可能是两者综合作用而使土壤与植物、土壤与动物所处的复杂生命系统发生了崩溃，从而引发了不同的病害。

第二项工作是于1905—1924年的19年间，在普萨（Pusa）进行的植物育种工作。当时我们逐渐意识到，作物品种改进的所有可能只有在土壤有足够腐殖质的情形下才能实现。仅依靠改进的新品种，作物产量能增加10%左右，但若品种改进再加上良好的土壤条件就可以使作物产量提高100%甚至更多。在印度，人们在不断追求增产10%的过程中给脆弱的土壤肥力贮备带来严重的压力，并最终导致土壤贫瘠。作物育种要想获得稳定的成功，就必须不断地提高小块土地的腐殖质含量。问题的关键不是品种的改进，而是要同时保持高效的品种和土壤。

大约在 1918 年，有关作物生产问题的这两个方面即植物病理和植物育种开始一并得到考虑。而且随着时间的推移，农业研究本身存在的问题也日益显现出来。研究机构应该对未能意识到农业生产存在的问题承担责任并进行变革。将作物研究分成育种、真菌学、昆虫学等分支的做法必须放弃，植物研究一方面要与土壤联系起来研究，另一方面要与当地农业生产紧密结合。在普萨研究所里作物研究被分成多于六个分支，很显然开展作物生产问题的综合研究就完全不可能了。我们开展的将废弃物生产出腐殖质和作物对改善土壤条件的效应研究必然会侵占到研究所的其他每个分支。科学研究离开完全的自由环境就不能取得任何进展。基于此，把土壤肥力作为一个独立的课题开展研究的唯一办法是成立一个新的研究所，以植物为中心通过科学和实践的结合来解决问题，也不用顾忌现存农业研究机构的影响。感谢印度中央邦的支持和印度中央棉花委员会的大力资助，我们得以在 1924 年在印多尔成立了植物工业研究所。选择将此机构放在印度中央邦的原因是：①印多尔达巴（Darbar）提供了 1 821 亩可使用 99 年的耕地；②在印度中央邦机构中尚没有建立如其他英属印度邦那样的农业研究单位。这样研究所既得到了一块土地，还可以根据当地土壤的腐殖质含量和种植作物存在的问题通过自由交流形成一份新的研究工作方案。

在印多尔的工作主要集中在两个方面：一是揭示现有农业研究机构的问题和不足；二是开发加工生产腐殖质的实用方法。

印多尔工艺是首次在 1931 年出版的《农业废弃物》一书的第四章进行了详细描述的，从此以后这一方法就在全世界大多数种植园、农场和园林中得到广泛使用。在这一工艺中包含了两大基本原理：一是植物和动物废弃物混合配比，以获得偏中性的物料基础；二是通过物料管理保证微生物能最高效地发挥作用。但是在工作过程中也提出了一些小的改进,其中的一些实践证明对于增加产量十分有益。在下面内容中既包括早期的描述,同时也融合了后期所有有用的改进内容。目前看这项技术已经成熟。

原材料选择及条件

1. 植物废弃物。 像在英国这样的温带国家,植物废弃物包括稻草、稻壳、霉变的干草苜蓿、树篱和堤岸修剪物、海草和水草、剪枝、啤酒渣、马铃薯藤、庭院及温室废物、蕨菜、落叶、锯末、木屑等。大城市周边少量的植物废弃物如棉籽壳、可可壳、坚果壳以及橡胶树枝也都可以利用。

在热带和亚热带地区,植物废弃物也很类似,包括废弃地上的植物、牧草、栽种的绿茵和绿肥植物、甘蔗叶和植株、没有饲喂畜禽的作物秸秆、棉秆、杂草、锯末以及在田地、公路和空隙地边缘种植的可堆肥的植物材料。

在一年之中连续供应混合好的干植物废弃原料是印多尔堆肥工艺的关键因素。这些物料的理想化学组成是:经过畜舍垫圈,C∶N在33∶1左右,还要保证具有能使真菌和细菌进入并迅速分解的物理结构,比如树皮是阻止真菌分解纤维素和木质素的天然屏障,要先破坏此结构才行。因此,你在印多尔经常会看见含木质素较多的材料,像棉秆、木豆秆等被铺在大路上让过往的车辆仔细碾压,以适合后续的堆肥。

世界上反对采取印多尔堆肥的原因之一就是没有或者缺少足够的可堆肥物料,而实际上,这可以通过更加高效地利用土地,在每一寸可能种植的地方种植可堆肥植物的方式给以解决。我们以原始森林中阳光滋养下植物的茂盛生长作为参考,就可以明白在任何一个农场、茶厂或者橡胶种植园中,完全可以找到地方来栽种一些合适的以供我们生产腐殖质的植物。有时我们也会听到这样的反对意见,说这样做的成本太高了,那我就可以拿北美久旱多尘暴的“灰盆”地区做个例子,实际上每寸土壤都有自己的生死权力。

2. 动物废弃物。 全世界动物废弃物基本上大同小异,基本包括家畜粪尿、家禽粪便和厨余废物(包括骨头)。在没有养殖畜禽的地方和动物废弃物缺少的地方,可以采用一些可替代的物料,如干血粉、屠宰场废物、粉碎的蹄角、鱼粪等。来自动物不同形式的废物产品对生产这些真正的腐殖质十分必要,主要有以下两个原因:

(1)在以动物废弃物生产的腐殖质和以化学方式制造的腐殖质(例如石灰氮和其他形式的氨盐)之间,地球母亲的判断是,前者更加有益。按照以上两种方式生产的有机肥,我们每个人只需要通过感觉和嗅觉,就可以明白为什么作物偏爱前者。以动物废弃物生产的腐殖质摸起来感觉松软,闻起来具有森林土壤的泥土气息,而化学制造的腐殖质感觉粗糙,更具酸性刺鼻气味。尽管有时候两种以相似植物性原料生产的腐殖质样品,其中添加了化学活化剂成分的分析结果表现会更好,但是当把它们施用到土壤中后却表现出与实验室相反的结果。瑞纳博士(Dr. Rayner)通过对施用于园艺花圃的堆肥研究,对这一地球母亲和化学分析师的矛盾现象做出了如下注释:

> 所有的化学分析方法现在都可以应用在一些堆肥产品的检测上,回顾初期阶段建立的一份评价报告很有意义。通过比较表明,曾经认为是最有效的一种有机粪肥实际上却效果不好,而另一分析表明几乎没有利用价值的有机粪肥,实际上却是最好的。

(2)没有动物参与的农业系统是不可能长久而且有效的。许多实验都证明了这一点。将畜禽用人力替代后,土壤原初肥力会消耗殆尽,接着就会伴随疾病的产生。

在畜禽养殖的地方,通过最有效的方式将养殖废弃物——粪、尿收集起来是很重要的。

在印多尔，人们将牛养殖在通风良好的牛棚中，在土地表面上铺放混合的植物废弃物以及约 5%（相比于植物废料，体积比例）的坚硬的耐降解物料，如锯末、刨花等，牛就养殖在这样的垫料上。在垫料没有降解完之前，每天夜晚牛就在垫料床上休息，第二天早晨人们将吸附了牛尿的垫料和牛粪清出牛棚进行堆肥处理，将土地面清扫干净，湿的地方将湿泥清出，再垫上新的干土。通过这种方式牛尿就被完全吸附，同时避免了恶臭产生，垫床下蚊蝇的繁殖也得到了避免。每天垫料层被清出，再垫上新的一层。

每 3 个月牛场的地面就需要更换一次，吸附了牛尿的土壤经粉碎后，在堆肥厂附近堆放储存。这些肥土混合木灰后可以用作堆肥厂的活化剂及基础材料。

热带地区拥有充足的劳动力，可以完全按照印多尔的模式施行。几乎所有的尿液都可以被吸附，所有的土壤垫料每天早晨均可用于制作堆肥。

但是在英国和北美一些国家，劳动力较少，而且劳动力成本较高，因此就不赞同这种印多尔养殖模式，而是建设了大量硬化的倾斜地面，用水喷洒将有用的粪污常常冲洗到排水渠中。尽管如此，产生的尿液要么可直接通过添加泥炭、锯末混合一些泥土做成的垫料进行吸附，也可以将尿液排入到建筑外砖砌的池子中，其中填充一些合适的吸附物料，并对这些物料进行周期性清出和更换。在这种方式下就不用建设粪池，不管成本如何，所有的尿液均应用于堆肥。

3. 中和酸度的基质。在腐殖质生产过程中，随着反应的进行，发酵混合物料很快会变酸。为了保证微生物能以较快的速度降解，物料的酸度就需要进行中和，这时就须用中和酸度的基质。通常可以用白垩石粉、石灰岩粉或者草木灰中含有的碳酸钙或者碳酸钾，这些物质可以单独、复合或混合土壤作为一种基质使用，从而保证 pH 在 7.0～8.0，为微生物降解纤维素提供良好条件。在没有草木灰、石灰石、白垩石的情形下可以采用土壤。熟石灰也可以用，但不如碳酸盐适用，而生石灰就显得太坚硬了。

4. 水分和空气。在腐殖质生产的整个过程中，水分是必需的，而足够量的通风供氧在最初阶段也是不能缺少的。如果水分太大，物料的通风就会受到影响，发酵受阻，进而产生厌氧发酵。如果水分太低，微生物的活性减缓会停止发酵。在发酵的最初阶段，理想的物料水分含量是接近半饱和状态，如同海绵状。说起来简单，实际操作中要同时获得使微生物能高效作用的合适水分含量和通风供氧条件，十分不易。

为堆体提供水分和氧气的最简单而且最有效的方法是尽可能地利用自然降雨，因为自然降雨是一种氧气的饱和溶液，同时在发酵最初阶段要尽量保持物料的敞开，确保空气自由进入堆体和使堆体产生的二氧化碳快速释放。

在早期的不稳定状态结束后，细菌就能够有效地分解植物性废物。而对于密实物料，如果不采取专门的通风措施，腐殖质的合成就有可能在厌氧的环境下进行了。

坑式与垛式堆肥

将有机废弃物转变成腐殖质比较常用的两种方法是：坑式和垛式堆肥。

当发酵物料易于干燥或者迅速降温时，就适合采用浅坑式发酵，这样就可以保水，堆体容易升温，而且堆体温度分布均匀。但是，考虑到洪水积涝、暴雨等强降水和地下水的升高，坑式堆肥就没有优势了，因为在这种条件下将导致物料浸湿，无法提供足够的氧气。为了避免坑式堆肥可能会遇到的物料浸水，可以采取的措施包括：①围绕堆坑建造排水沟，切断地表水进入堆体。②在一些降雨量较大和有规律的季节性强降雨地带，搭建防护性茅草屋顶。③在适当地点建造渗水坑，并结合有一定坡度的地面，将水引到排水角/沟。在雨季地下水位会有明显的升高，坑式堆肥就需要时刻关注是否有地下水进入堆体，要采取一定的措施防止水侵入物料。

为了节约挖坑成本，以及利用高地不需挖坑时，就可选择垛式堆肥。这里涉及许多措施以提高垛式堆肥效率，例如洪水和风会影响露天的垛式堆肥发酵，就可以建设排水沟防雨，建造合适的遮蔽物用来挡风；在温带气候区，堆垛应面向南建设，并在南面设一面墙，隔挡来自东西方向的风；也可以通过增加堆垛的大小来降低大雨对发酵的影响，大的堆垛任何时候均要比小堆垛要好。

在阿萨姆(Assam)和锡兰(Ceylon)邦这样的强季节性降雨的地区，无论是堆垛还是坑式堆肥，均要配备茅草屋顶，以确保发酵得以正常进行，同时防止因暂时积水而影响正常的产量。经过1～2年，茅草屋顶也可用于堆肥，在英国也可使用草篱笆。

堆体建立

年产量在1 000吨左右的坑式堆肥，适宜的尺寸是长10米、宽5米、高1米，侧面是斜的。考虑通风因素时，堆体高度是最重要的尺寸。自然通风仅仅能保证45～60厘米高度的堆体有氧气进入，超过90厘米就需要额外通风供氧了。这时可每隔1米设置一个竖向的通风口，通风口可用撬棍做成，堆坑的每个区域都要设置。

建造一个10米长的堆坑，可分隔成1.5米长的6个区域，其中第一区不进料，供后期翻倒堆垛时使用；第二区首先进料，把大约15厘米厚的植物性废物首先铺在坑底，宽1.5米，再在其上铺5厘米厚的含土垫料或者庭院粪肥，这时在肥堆上撒一层约0.3厘米的尿土和草灰，或只用土壤。如果太多，供氧会受阻。然后用软管浇水，必要时将软管装上莲蓬式喷嘴以分散喷雾。接着和以前一样继续建堆和浇水，直到这一部分的总高度达 1.5 米为止。沿堆体边缘，用撬棍做成 3 个直径约 10 厘米的纵向通风口。第一个通风口在堆体中央，另外两个在中心和两侧的中间。堆坑宽 4.3 米，这 3 个通风口间距约 1 米。下一个堆区（1.5 米宽）建在第一个的旁边，和以前一样建堆浇水。当 5 个区域完成时堆坑就被填满了。分区进行填充堆坑或建造堆垛直到 1.5 米高的优点是：①发酵在每个区均立即开始，没有时间损失；②不会发生踩踏；③曝气通风口可以在每个部分完成后设置，而不必站在混好的整个堆体上设置。

在气候干燥的地域，每天晚上要给堆体补充少量水分，第二天早晨再重复浇水一次。通过这样的方式，建堆完成后需反复补水 3 次——进料时一次，进料完成当天晚上一次，间隔 12 小时后在第二天早晨一次，目的是给堆肥物料留足时间，保证物料充分吸收水分。

在堆肥发酵开始时需加入多少水分取决于物料性质、气候因素和降雨情况。在英国这样的环境下就不需要进行水分调节了。如果堆肥物料中新鲜的果蔬残渣用量占到总体积的 1/4 以上，就需要考虑降低加水的量了。同样在雨季，所有的物料都湿漉漉的，就不需要浇水了。正确的加水主要取决于当地环境条件和个人经验的判断。因此，堆肥物料绝对的需要进行补水或者绝对的需要干燥都是不存在的。在英国林肯郡（Lincolnshire）南部的爱西尼园艺农场（Iceni Nurseries）每年的降雨量可达到 60 厘米，大量新鲜的蔬菜市场上的废弃物被用于堆肥，物料的含水率较高，因此在堆肥的所有阶段，就不需要补充水分了。在印度中部的印多尔年降雨量在 127 厘米左右，主要分布于 4 个月，因此除了雨季，其他时间就都需要对堆肥物料进行浇水。以上两个例子说明，堆肥过程中水分调节量没有规律可循。加水量的多少主要参考当地环境条件。在印多尔，生产 1 米^3 的腐熟堆肥通常需要 900～1 300 升的水。

坑式堆肥每部分均建完后，堆肥的活性阶段也即第一阶段就具备条件了。尽可能快地启动这一过程并保持其是极为重要的。接下来的第二到第三天这一过程仍在继续，直到堆料表面有菌丝第一次出现，堆体开始收缩,过几天需要补料时,堆料的高度降低到大约 90 厘米。

在第一阶段,以下两条需要特别关注和预防:①由于含水量过大或者进料过程中的疏忽而产生厌氧发酵。一旦出现厌氧发酵就会很快产生臭味,并招致蚊蝇繁殖,这时需要立刻对堆体进行翻堆;②由于缺水导致发酵减缓。在这种情况下,就需要尽快浇水,浇水量的多少可以借鉴建堆阶段的经验。

翻堆

对堆体进行翻堆可以确保物料的均一混合和腐熟,并为好氧堆肥完成提供必须的水分和空气。一般需要翻堆 2 次。

初次翻堆。初次翻堆一般在建堆后的 2～3 周内进行。进料时坑的一端预留的大约 1.5 米宽的空地,可以允许很方便地用草叉等工具将物料从堆垛的一端翻倒到另一端。翻堆后的物料疏松地堆积在一侧的空地上,翻堆过程中特别要注意把堆料的表层翻到新堆的中层,要尽量疏松,保证充足的空气进入,如果需要,还要补充一些水分,就如同在开始建堆的时候一样,但一定要确保水分不要太高而浸湿物料,物料的水分含量要能保证发酵持续到第二次翻堆的时候。为了达到合适的水分含量,需要保证物料有足够的时间来吸收水分。这时最好能像进料时一样,采取两次补充水分的方式——第一次在翻堆的时候,第二次在第二天的早晨进行。另外像进料时一样,新堆垛每间隔 1 米也要用撬棍设置新的通风口。

第二次翻堆。大约建堆后的第五周,物料需要进行第二次翻堆,这次翻堆应朝着与第一次相反的方向进行。这时候,真菌分解阶段即将结束,物料颜色变暗,并显示出明显的分解迹象。从这时起,细菌在腐殖质产生方面起到了越来越重要的作用,整个过程开始变为厌氧发酵。第二次翻堆可为完成发酵供应足够的水提供方便的条件,加水应该在实际翻堆和第二天早上完成，使水分含量达到理想状态，即可压出水珠的海绵状态。可以观察到腐殖质的形成在进行，大量的物料在降解，保持物料水分越来越容易。这主要取决于两点：①发酵所需的水分较少；②接近腐殖质完成阶段时，物料的吸水性和持水性迅速增加。

第二次翻堆后不久，陈化过程就开始了。正是在这一时期开始了大气氮的固定。在有利的环境条件下，大气额外的游离氮中高达25%可被堆肥获得。

合成腐殖质的各种微生物的活动很容易从温度记录中反映出来。堆肥开始一段的时候会出现约65℃的高温，随后温度会持续缓慢下降，在第90天时降到30℃。微生物降解纤维素所要求的最佳温度正好在此温度范围之内。好氧嗜热菌在40～55℃最易繁殖。在每次翻堆之前，发酵过程会放缓，伴随着温度的下降。当物料被重新彻底混合氧气供应充足时，微生物开始再次活动，此时堆体或堆坑外面的未被降解的植物残体就会受到微生物的分解。这一活动伴随着一个明显的升温过程。

腐殖质的储存

堆肥3个月后，微生物即将完成它们的使命，腐殖质也完全合成，可以利用了。腐熟完成后，若继续保留堆体在原地，则堆肥肥效会降低。堆体还会延续氧化过程，硝化作用开始形成可溶的硝酸盐，这些硝酸盐可能随雨水淋失走，或者被厌氧微生物（兼性）利用以满足它们的供氧需要。当把腐殖化堆肥加入到土壤后就不会发生这种形式的损失。**新鲜的准备好的腐殖质或许是农民的首要财产，要像对待金钱一样照看好腐殖质。**腐殖质也是农场生物的一个重要部分，虽然只能在显微镜下看见这些生物，但它要得到像肉眼可以看见的猪一样的照顾。如果必须存放腐殖质，则应该将它加盖后储存，并要经常翻动。

产品

每年的堆肥产出很明显取决于环境条件。在印多尔植物工业研究所，粪尿供应量总是比植物废弃物要多。一对黄牛一年可产生 50 马车(每车 0.76 米^3)的熟化堆肥。如果有足够的植物废弃物被利用，则堆肥产量可能至少要翻倍。印多尔的役用牛属马尔维(Malvi)品种，其个头约为英国奶牛平均尺寸的 3/4。因此，一只英国母牛或小公牛的粪便，如果与足够的其他废弃物一起堆肥，每年将产生大约 60 马车的腐殖质，相当于约 46 米^3。

腐殖质水分含量变化范围为 30%～60%。在一年中，除非水分含量不变，否则以吨记录产出是不可能的，这可通过以立方米记录产出来克服。每亩的用量也可以立方米计算，1.8 米^3 的有机肥大约为 1 吨。

在提出印多尔工艺的过程中，最全面的资料来自农业经验，包括传统经验。正如在森林系统中所看到的采用自然方法生产腐殖质那样，东方在制作腐殖质方面做出了更多实践，这些实践在金(King)编写的《四千年的农民》中得到了描述。**在中国，富于观察的农民找到了将所有可利用的植物、动物和人的废弃物回归土壤的简单方法，他们以此维持了稠密的人口，土壤肥力却没有降低。**

在腐殖质生产方面有两项更纯粹的实验室研究，被证明在完善印多尔工艺方面具有重要价值，它们是：①魏克斯曼(Waksman)不断强调的形成腐殖质过程中微生物重要性的论文；②哈钦森(Hutchinson)和里查德(Richards)在农场粪肥方面的研究。魏克斯曼所坚持的微生物在腐殖质形成中的作用，以及正确的堆肥原料组成的重要性，对于将堆肥从化学细节和经验主义提升到其所属的广义生物学层面做出了很大贡献。一旦人们认识到堆肥过程依赖于真菌和细菌的工作，世界各地就可建立起各种经改进的堆肥系统。腐殖质生产的本质是先为生物提供正确的原料，然后，确保他们具备适宜的工作条件。哈钦森（Hutchinson）和里查德（Richards）的研究很接近印多尔工艺，但他们的两个致命错误是：①应用化学品替代尿液作为活化剂来降解植物废弃物；②ADCO工艺（应属于一种调节剂，如石灰类）的专利授权。尿液由动物体内的每个细胞和每个腺体的排泄物组成，它不仅含有真菌和细菌分解纤维素需要的氮和矿物质，还含有所有的生长所需物质。而 ADCO 粉末只供应像石灰这样由工厂制造的化学品，远不如印多尔工艺使用的木灰和土壤；它着重于产量，而不重视质量；它被引入到堆肥中，犯了与农田应用化学品来代替天然粪肥的相同错误。此外，一个工艺的专利（即使当专利权人未获得任何个人利益）总是会束缚研究者，使他成为他自己计划的奴隶，固执取代了灵活，那么就很难甚至不可能取得进展。ADCO 工艺在 1916 年获得专利，到 1940 年该方法仍维持原状。

任何将农业废弃物转化为腐殖质的工艺测试都应具备对每一可能条件的灵活性和适应性，它也应能发展并吸收新知识和新观点。最后，应该建议和提出新的有希望的研究路线。如果印多尔工艺可以通过这些严密的测试，它将很快应用到农业实践中去。它还将取得持久性，并达到其目的——将生死权利归还给这个星球的土壤。在接下来的 4 章将描述在过去 8 年实践这一想法中所取得的进展。

参考文献

Howard A, Howard G L C. The Application of Science to Crop-Production. Oxford:Oxford University Press, 1929.

Howard A, Wad Y D. The Waste Products of Agriculture: Their Utilization as Humus. Oxford:Oxford University Press, 1931.

第五章　印多尔工艺的实际应用

1931 年印多尔完整工艺第一次发表后，很快就在几个研究中心得到采纳。第一批的研究结果在一次讲座中进行了总结，并发表在 1933 年 12 月 8 日的皇家艺术学会刊物上，在接下来的两年内该讲稿印刷和分发了 2 000 多份。到 1935 年底，该工艺在世界各地迅速得到推广，有关结果在 1935 年 11 月 13 日的第二次讲座上得到总结，并发表在 1935 年 11 月 22 日的学会刊物上。当时这一讲座内容以小册子的形式公布，所有 6 425 份讲稿均被分发一空。1936 年，印多尔工艺取得了进一步的进展，其中一个简短的材料发表在 1936 年 12 月 18 日的皇家艺术学会刊物上，并印刷了 7 500 份。1935 年讲座的两个译本也已经出版，第一个译本是德语的，于 1936 年 2 月在乔潘辉泽(Der Tropenpflanzer)出版社出版；第二个译本是西班牙语的，于 1937 年 3 月在咖啡种植研究所杂志(Revista del Instituto de Defensa del Café de)出版。

这些文章使印多尔工艺闻名于世界各地，并建立了一些新的和活跃的堆肥中心。有关情况被发表在 1938 年 8 月的英国农业部杂志上。

在本章和接下来的章节将会总结相关工作进展，并按不同作物给以介绍。

咖啡

印多尔工艺在非洲的第一个中心于1933年2月在基马布(Kyambu)附近的金嘎特里(Kingatori)庄园建立,离内罗毕(Nairobi)有几千米。我开始看到这个庄园的堆肥纯粹是个意外。这发生在一次环非洲的旅行中,其中包括对大裂谷的参观。当时我正准备从内罗毕开始这次探险,金嘎特里的负责人梅杰·贝科尔(Major Belcher)对我说,他刚刚获得庄园主梅杰·格罗根(Major Grogan)的指示,将启动印多尔工艺,把所有可能的废弃物转换为腐殖质。他希望我帮助他,并现场讨论各种具体细节。因此我放弃了去东非大裂谷的旅游,花了一天时间在金嘎特里(Kingatori)庄园,从这里的灌木丛的大体条件和土壤质地可以明显地看出新鲜腐殖质连续供应将改变这个庄园。有人告诉我这个庄园是内罗毕附近咖啡业的代表。在一封写于1933年9月19日的信件中,梅杰·贝科尔(Major Belcher)报告了最初的结果:

> 现在我已经使用30个堆坑了,平均每个堆坑可生产腐熟堆肥5吨。这将使我获得每年每亩0.58吨的底肥,我认为这样施下去确实会使土壤条件逐步变得好起来。
>
> 我已经施用了182亩,但是有点早,还看不到任何结果。这182亩咖啡园树龄为4年,年轻但结果多。目前这片地看起来长势还不错,如果能保持到12月采摘期,明年这些树木负担会更重,我心想毫无疑问堆肥将起到作用。大丰收的小树很容易在下一年出现低产,但目前还没有这种迹象。
>
> 我有许多兴致勃勃的游客,内罗毕的书商必须寄来更多数量的《农业废弃物》以满足他们的需要。
>
> 恩布(Embu)地区的行政专员也已采用了这一工艺,目的是改善农村卫生条件和土壤肥力。事实上,在我们采用这一工

> 艺之前的一段时间他就开始了。
>
> 我明白，不久之后出口本地产生的羊粪和牛粪将是非法的，在这种情况下，你的工艺将会被当地的大多数欧洲农民采用。一个在咖啡行业非常有影响力的成员对我说，他认为你的工艺将彻底改变咖啡种植，另一位则认为这是在过去十年内获得的最大进步。

两年后，他寄来了第二份报告，报告里说，在过去的 28 个月，他的庄园共生产了 1 660 吨的堆肥（含约 1.5%的氮），并全部用到了农场土地上。每吨成本为 4 肯磅 4 肯先令（肯尼亚货币），主要是收集原料的费用。这些工作受到许多参观者的关注，包括来自肯尼亚其他地区、罗德西亚（津巴布韦的旧称）、乌干达、坦噶尼喀（Tanganyika）和比利时刚果（Belgian Congo）的客人。这还不全，因为梅杰·贝科尔（Major Belcher）漏掉了一些访客的记录。

这一开创性的工作不仅仅是将印多尔工艺融合到这个庄园的日常工作中，实际上它已成为一个实验站和世界性的咖啡种植示范区。在金嘎特里（Kingatori）之后许多新的中心建立了。该方法的迅速拓展在梅杰·格罗根（Major Grogan）写于 1935 年 5 月 15 日的一封信中得到了总结，内容如下：

> 你的工艺在这些地区迅速蔓延，知道这一点我想你会很高兴，这一工艺现在已经被公认为是咖啡种植园顺利进行的最通常的做法。在我庄园开展的两年的累积种植效果很明显。现在在堆坑周围我已经种植了可用作辅料的大片象草，我们已经将碎象草卖到农村并赚到了很多零用钱。我现在在寻找可与象草共同生长的土著豆科作物，并从塔维塔（Taveta）沙漠地区带来的猪屎豆（crotalerias）和灰叶草（tephrosias）等不同品种的试验中获得了非常有希望的结果。它们能快速生长，未受到当地杂草的影响。

梅杰·格罗根(Major Grogan)在提及印多尔工艺在东非推广时省去了一个非常重要的因素,那就是他个人所起的作用。他在金嘎特里(Kingatori)庄园发起了最早的试验,并且坚持认为这一方法在肯尼亚意义重大。在坦噶尼喀(Tanganyika)地区,米尔索姆·瑞斯(Milsom Rees)爵士也产生了相同的影响。

这里之所以详细列举肯尼亚和坦噶尼喀(Tanganyika)咖啡庄园中印多尔工艺的引进和推广,原因有三方面:①是印多尔方法在种植园中的最早应用例子之一;②是所有其他地区类似应用案例的典型;③它第一次提醒我退休后应从事这一新的工作,那样一生的研究经验都可以得到充分利用。

肯尼亚和坦噶尼喀(Tanganyika)是世界上仅有的两个咖啡中心,最大的生产商是新世界(New World)。1936 年 4 月 23 日在西印度委员会出版了印多尔工艺的简介之后,该工艺在新世界(New World)取得令人满意的进展。这又使得事态有了重要发展,首先是在哥斯达黎加,然后是在中美洲和南美洲,我刊登在 1935 年的皇家艺术学会年会上的讲稿也由蒙特利哥先生(Mariano Montealegre)翻译成西班牙语出版。该译本在拉丁美洲各地被广泛阅读,书中特别提到新世界(New World)咖啡生产中有机质的重要性。在之后的两年内,至少有 7 篇我们关于腐殖质论文的西班牙文译文在哥斯达黎加的咖啡种植研究所杂志(Revista del Instituto de Defensa del Café de)出版。1939 年 1 月题名为腐殖质的专刊发表,里面收集了多尔工艺及过去 8 年的不同研究进展。

在非洲、印度和新世界(New World),腐殖质在咖啡种植园的明显结果表明,咖啡就是一菌根形成者。一些取自特拉凡科(Travancore)、坦噶尼喀(Tanganyika)和哥斯达黎加咖啡园的植物表层根样本已被送到实验室检验。在所有情形下,它们均表现出了菌根组织的存在。

茶

咖啡在东非的成绩自然地让人想到在茶园上也应该有所作为，要知道绝大多数的茶园组织化程度很高并被少数伦敦理事会控制着，理事会中大部分人即来自这个行业，问题是该如何去接近这样一个组织。1934年时，我对茶和茶产业几乎一无所知：我从来没有种植过一颗茶树，更不要说经营一个茶园了。之前，我仅仅访问过两个茶场，1908年在印度锡兰（Ceylon）附近的努瓦拉埃利亚（Nuwara Eliya）地区和1918年在印度台拉登（Dehra Dun）附近。不过，我一直与茶叶的研究工作保持着联系。正当我苦苦思索这个问题时，机会来临了。一个朋友咨询我是否可以给哈雷（Harler）博士推荐一份新的更有前途的工作，最好是有更大的独立性和原创性的工作。哈雷（Harler）博士因为其所在的托克莱（Tocklai）研究所削减开支而下岗，而这家研究所于1933年重组，由印度茶业协会维持运营。我见到了哈雷（Harler）博士，并建议他应该在茶园废弃物生产腐殖质方向发展。他对此很感兴趣，不久之后（1933年8月）他接受了詹姆斯芬雷（Messrs. James Finlay）有限责任公司的邀请，在堪纳德文（Kanan Devan）生产公司担任技术总监的职位。在哈雷（Harler）博士担任技术总监之后，此想法得到了时任总经理沃雷斯（Wallace）的支持，开始着手在姆纳（Munnar）附近，位于那拉塔尼（Nullatanni）地区的总部尝试印多尔模式，占地约一个茶园的面积。运行过程中没有遇到任何麻烦，有充足的植物废弃物和牲畜粪便供应，当地的劳动力也加入其中，庄园的经理很快对此热衷起来。

得知此消息后，我向曼恩（Mann）博士（前印度茶叶协会技术长官）询问在伦敦茶业理事会是否有比较活跃的人士，尤其是可能对腐殖质方面感兴趣的人。

他推荐我去见沃特·杜堪（Walter Duncan）公司的经理詹姆斯·尹

斯先生(James Insch)。按尹斯先生的要求,为了给沃特杜堪公司的经理们使用,一份带有插图的指导文件在1934年10月得以起草,并印制了250份。其他茶园集团的理事很快开始关注起印多尔模式,又分发出4 000多份。至1934年底,53家分布在希尔赫特(Sylhet)、卡沙(Cachar)、阿萨姆(Assam)山谷、多尔(Dooars)、特来(Terai)和大吉岭(Darjeeling)地区的杜堪集团的茶园都生产和分发了试验用的腐殖质,总计约2 000吨。到1939年12月我写此书之时,沃特杜堪公司一家一年生产腐殖质已预计达到15万吨。同样,在其他几个茶叶集团中也得到了快速发展,詹姆斯·芬雷(James Finlay)公司控制的几个茶园尤其出色,一直都保持着腐殖质生产的领先地位,这自然得益于哈雷(Harler)博士在特拉凡科(Travancore)的先驱性工作。东方两个最强的茶业集团均有了堆肥意识,堆肥在茶叶领域已经有了良好的开端。

目前很难说那时英王国的庄园一共生产了多少腐殖质,只能给出一个大概的数字。1938年4月,梅斯菲尔德(Masefield)和尹斯(Insch)称:"或许毫不夸张地说,到今天印度和锡兰每年均可生产出100万吨堆肥,而这仅仅在5年内就完成了。"到落笔时,尼亚萨兰(Nyasaland)和肯尼亚(Kenya)也已开始采用印多尔模式并取得了显著的成功。

这样的发展也伴随着不少的争论。一直以来,有两种主要观点集中在茶园培肥的最优方法上。一种看法(包括茶研究机构)认为茶叶的产量直接受到土壤中氮供给的影响,解决土壤肥力问题最简单的办法就是采用最便宜的人工肥料,此例中即硫酸铵。这种观点自然得到人工肥料支持者的大力响应。在托克莱(Tocklai)和波博海特(Borbhetta)地区小块土地上使用硫酸铵得出的结果可以支持这一推论:茶叶可以种植在由化学肥料做润滑剂的传送带上。这种观点的不足是显而易见的,小片种植并不能代表整个茶园,只能代表自己。运行一小块茶树与一个茶园的生产与销售有很大不同。也就是说,一小块实验结果是经不起检验的。再者,像托克莱(Tocklai)和波博海特(Borbhetta)这样对硫酸铵反应如此明显的地区肯定是过度耕作的结果，不然人工肥料不会如此有效。**全世界的趋势是土地越肥沃，人工肥料就越无效，直到效果彻底消失。**不良耕作或某个站不住脚的试验不利于形成一项政策。采用重复和随机设计的小区试验，再加上高等数学来解译这些成果，对托克莱（Tocklai）这项试验无助于事，相反就是一种“自我谴责”。此外，在茶园使用硫酸铵似乎忘记了茶树施了此种肥料后得以增产的一部分原因是因为土壤的酸度提高了。众所周知，茶树需要酸性的土壤，而硫酸铵施用增加了酸性。

另一种看法即腐殖质学派采取的观点是茶叶种植的核心是质量，应尽可能保持土壤的原始肥力。这只能通过施用由植物和动物废弃物制成的新鲜腐殖质，正确利用遮阴树种、绿肥作物和防止土壤侵蚀来获得。此时，茶园土壤会变得很肥沃，植物会自我供应氮素，没有必要浪费钱来确保人工肥料“稍纵即逝”的利益。因此，茶园的施肥问题并不是施用后对当年产量有多大的影响，而是在对土壤肥力的储备上。这样，施肥问题和人们一直关心的企业稳定发展便合并为一体。不能把企业盈亏和堆肥项目平衡表分开，因为每年腐殖质的施用对二者都有影响。

审视一个巨大的种植园产业的奋斗结果，会是很有趣的事。现在，一方面一些最强的和最成功的企业在使用腐殖质，并且在化肥上花费很少；另一方面其他公司相信通过使用便宜的化肥可以进行挽救。在这两个极端之间，出现了一条中间路线，即用化肥补充腐殖质。大地母亲虽不是这些看法的提倡者，将在适当的时候给出她的判断。

茶树本身能否在这场争论中提供一些指示？或者在这样的比赛中茶树注定只是一个被动的角色？这些茶树丛是否会说出一些自身的感受？如果有，其陈述一定是不需要慎重考虑的。如果问题提得对，其反应也得到认真的研究，这些植物或动物就一定会回答其中的大部分问题的。

在印度早期的印多尔试验中，我们明显发现在茶园腐殖质的使用方面有许多有趣的事情值得交流。一个接一个的事例引起我的关注，一亩若施用30吨堆肥马上就能显著改善作物的产量、茁壮程度和抗病性。尽管结果令人高兴，但在一定意义上来说也让人不安。如果腐殖质只能通过提高土壤肥力间接影响产量，则需要花许多时间来了解各种物理的、生物的和化学的变化。如果茶树能够立即产生效果，除了增加土壤肥力之外，肯定还有其他因素在起作用。会是什么因素呢？

1937年10月7日，在给茶产业代理行的一封信中，我提出，经过对堆肥施用的田间观察，茶园突然改善的最显而易见的解释是：腐殖质刺激了植物根部菌根真菌的发展。

在最近一次去东方（指亚洲）茶园的旅行中（1937年11月至1938年2月），我检查了一些合理施用堆肥后的茶株的根系，发现了一个共同的特点：这些茶株的根系都十分健康发达，枝叶的繁茂程度亦高于平均水平。无论是根部还是地上部分，腐殖质都能够对其产生明显效果。当用显微镜观察这些幼嫩的根系时，发现其皮质细胞上布满了菌丝，比常见的寄生真菌感染还要严重。很明显这是菌根真菌介入的结果。这些在茶园中匆忙得出的不完善的观察结果，很快就被瑞纳（Rayner）博士和莱文森（Levisohn）博士证实并加以拓展，他们检测了我的大部分样品。其中几个样品只使用了化肥，其土壤完全枯竭，生长量不到五成，在这些样品当中并未观测到健康的发达根系，根系的生长和发育都有缺陷，且没有或只有很少菌根真菌与其共生。另外，在使用了化肥的茶株上发现已被丝核菌样真菌的褐色菌丝感染（常伴有轻微的寄生现象）。相反，对施用堆肥的茶株仔细检测，发现整个幼嫩根部的皮质组织都表现出大量的内生菌根真菌感染，且主要的细胞间菌丝明显属于同一类真菌。此种真菌只生长于较幼小的根系，在较老的根系中并未观察到。在被入侵的细胞中，菌丝呈现出规则的变化周期：从入侵到菌丝在细胞核周围聚集，再到消化和分解颗粒状内容物，直到最终整个细胞消失。

因此，腐殖质是通过共生的菌根真菌这个媒介来影响茶株生长的。

大自然提供了一种有趣的生长装置，以此将肥沃的土壤和植株联系起来。在利用这一装置的同时，我们应当充分关注随之而来的影响，比如产量、质量以及抗病能力。我们也应看到土壤中的腐殖质能够促使植株将其自身的生长机制发挥到极致。

茶株及其菌根真菌的共生关系将该作物的营养问题提升到一个新的高度——应用生物学问题。茶株的健康问题并非只需提供便宜的氮素营养，还需要腐殖质和菌根真菌的共生关系。很明显我们所面对的这一森林植物在活的腐殖质的作用下茁壮成长，而在来源于工厂死的副产品的作用下则不能生长。

要验证这一观点十分简单，可有两条途径：一是将茶苗种植在深层土（上层含腐殖质的土壤已被移除）上，通过施用完全的人工化肥和新鲜腐殖质进行比较。二是观察茶园里肥沃的土壤上种植的茶株施用人工肥料后的效果，这项实验已经开始进行了。种植在深层土上的茶苗每亩施用需要核对腐殖质或与腐殖质等量的氮磷钾人工化肥。莫福特（Morford）先生已在锡兰（Ceylon）的弗农（Vernon）山上得出了一些有趣的实验结果。播种 9 个月后，施腐殖质的试验田块情况较好——植株 3 米高，有分枝，并长出大量健康的、深绿色的叶子。施人工化肥的试验田块生长的植株则高 1.8 米，没有分枝，长出稀少的不健康的浅绿色叶子。对根系的检测结果表明：施腐殖质的植株长出粗壮的 3.7 米长的主根，施人工化肥的植株则并未长出任何主根，只在地表附近生长出大量吸收根。根系的情况可以清楚地解释为何施腐殖质的植株抗旱能力较强，而施人工化肥的却依赖于灌溉。莫福特（Morford）先生的试验应在东方种植茶株的其他地区重复进行。实验结果自能说明问题，不需争论。

在非常肥沃的土壤上施用硫酸铵其效果是非常有趣的。正如所预期的一样，大多数情况下结果是否定的，因为在这种情形下不存在一个缺乏氮、磷或钾这样的限制因素。在一些老茶园里，有机质没有被定期替换，结果会导致土壤原有大部分肥力的丧失，这时施用硫酸铵的一个实验就会在现有管理措施下清晰给出土壤肥力是否正在丧失、维持不变或增加这样一个指示。如果能给土壤提供充足的腐殖质，在最适宜的条件下，通过菌根作用和有机质的矿化，就会满足作物的需要，生产出最高质量的产品。因此茶树在这套体系中已经准备好了自己的标识——使用腐殖质而非硫酸氨。

茶园的施肥很简单。具体做法是利用牛、猪或山羊提供的足够量的粪尿，将茶园及周边土地上的混合植物废弃物转变成腐殖质。由于茶区多分布在降雨多的地区，在许多情况下有必要保护堆坑或堆垛不受雨水的影响，也必须提供充足的植物废弃物。这些实际问题的解决必须依赖于当地的条件。在多尔（Dooars）的甘德帕拉（Gandrapara）地区，有一个茶园经常受到西南季风的影响，沃森（Watson）先生已着手彻底地解决了腐殖质的供应问题，具体情形将在附录 A 中看到，它不仅对茶叶生产者，甚至对整个种植行业都有重要影响。

将植物和动物废弃物转变成腐殖质仅仅是茶园土壤肥力问题的一个方面，还有很多其他问题，如遮阴树木和排水的利用，防止水土流失，茶叶剪枝和绿肥利用，水草如水葫芦的利用，根病防治，种苗培育，只利用植物废弃物生产腐殖质，人工肥料对茶叶品质的影响等。接下来将简单讨论这些内容。

一般来说，在印度东北部种植遮阴树木要比在南印度和锡兰受到重视。在南方地区有一种减少种植遮阴树的趋势，这与气候关系密切。在印度东北部，每年 3～6 月份相当干燥和炎热，因此必须有遮阴树种植，这种现象在南方并不存在。但是茶叶是一种林木植物，其生长永远适用于林业生长模式，所以大幅减少遮阴似乎是一个错误。遮阴树木的根和叶可以提供有机质，保护茶园土壤免受来自太阳、风、雨的危害，以及与茶树混合种植带来的诸多优势，所有这些都是维持茶园土壤肥力的非常重要的因素。在锡兰，这些具备遮阴树木的茶园与那些清除掉遮阴树木的茶园相比其外观优势就显而易见。

一个茶场有大量的植物废弃物，包括修剪枝叶和绿肥植物。这些废物要么堆积埋入地下，或被制成腐殖质。是否有更有效的方法来处理这些废弃物？当茶树被修剪后，植株便成为新的灌丛。难道不能把剪枝翻入通气良好的肥沃土壤使其成为茶树根系的一部分？我想是可以的，对于一个有足够遮阴和排水条件的茶园，下面的两种利用剪枝和绿肥进行堆肥的方法可以试行：

(1)可以把剪枝码成一层后在其上覆盖一层堆肥，每亩使用堆肥 1～1.5 吨，这样剪枝的腐烂要比现在直接堆放更加迅速和有效。这种剪枝地表堆肥法已试行，并在甘德帕拉(Gandrapara)取得成功。

(2)剪枝和绿肥在茶树行间的小坑进行堆肥。堆坑长 0.6 米，宽 0.15～0.3 米，深 0.23～0.3 米，平行于等高线，使每一个茶树的根系仅接触一个坑。在堆坑内填充近 1/2 的茶树和绿肥剪切混合物料，然后在上面覆盖一薄层牛粪或堆肥；继续添加绿色物料，直到坑满为止，再覆盖 8 厘米厚的土壤。现在堆坑就成为堆肥间了。当茶叶生长较慢的时候腐殖质开始产生，蚯蚓得到了发展，邻近茶树的根系很快入侵到这些堆坑，所有茶树的一部分根系在高度肥沃、透水的土壤中重生。当第一次采茶还未进行已修剪过的茶丛需要摘叶时，就可在第一次建立的堆坑空隙之间重新建造类似的堆坑，并填充废料。

当第二次茶丛开始修剪时，同样的操作可以在茶行之间未受干扰的地点进行。

当开挖到第四次堆坑时，每个茶丛的根系就完成了大部分根系的再生。

第一次大规模的堆坑试验开始于 1938 年 1 月，地点在锡兰(Ceylon)的弗农(Vernon)山区。其结果在各方面都令人满意：茶的产量提高了，茶树具有了抗旱的能力，花费些成本被证明是一个明智的投资。

在阿萨姆(Assam)的几个茶园，低洼地区被用来生长水葫芦并进行堆肥。当这种原料占到堆体的 1/4～1/3 时，在干旱季节给堆体浇水就大为减少。水葫芦生物量中约 3/4 被收割用于堆肥,其余用来作为种子。众所周知,水葫芦可以减少蚊子的数量,从控制疟疾的角度看在所有低洼地区种植水葫芦除了生产堆肥还有卫生方面的益处。当水葫芦在茶园普遍种植起来后,工人们会把这些消息带给印度东北部大米产区的人们。对食物生产来说其最大优势在于把水葫芦转换为腐殖质,然后又生产了大米。

在多数的产茶区容易发生小树丛被根病侵染的现象。这种情况是可能的,因为距离土壤表层一段距离的土壤结实层储存了积水,降低了茶树的自然抗性。我在调查报告中曾建议,用石块、鹅卵石甚至表层土壤填充成垂直柱状排水设施,可以防止这些麻烦。类似的排水渠在瑞典使用效果良好。

茶园最薄弱的环节是种苗生产。在我旅行的整个过程中,我只看到少数几个真正管理好的的种苗园。选择适当的树木种苗至关重要,它需要足够的间距,排水良好,并提供新鲜的堆肥,大自然会提供自动生产种苗的办法。如果树木和种苗出现了疾病就有麻烦了。只有当树木和种苗是健康的,有活力并且远离虫害,这样的种苗才适合作为培育植物的种苗,这在中国来说可持续 100 年。茶树必须有一个良好的生命开端。

特别是在锡兰,人们曾尝试在没有动物粪便的情形下生产腐殖质,结果未达到预期。茶园中剪枝及叶子这些难降解物的分解并不令人满意:用来合成腐殖质的微生物不能得到适宜的养料,用来形成最终腐殖质重要部分的微生物残体缺少动物的贡献。**至今还没有人成功地建立起一个无牲畜的、有效的和永久的农业体系。**因此,我们没有理由假定茶业生产是一个例外,这毕竟是一个自然法则。

茶叶领域讨论最多的话题是人工肥料对茶叶质量的影响。有一种观点认为如果引入化学肥料茶叶的质量就会有一个逐步的退化。布莱恩(Brien)先生是大吉岭种植区古姆迪(Goomtee)和贾帕纳(Jungpana)茶园的经营者,历来其茶园就在生产最高质量的茶叶。1935 年他告诉我,从 31 年前他接手这个茶园以来，就从未使用过人工肥料，唯一使用的是牛粪堆肥和植物废弃物，换句话说就是腐殖质。茶叶中的菌根作用可以帮助人们科学解释这些成果。几乎没有疑问的是，这种关系会影响到茶叶质量，以及灌丛的生产力和健康。在腐殖质和菌根的互作关系不存在的地方肯定不会创造出高质量的茶叶。最终这些条件的获得就是为了恢复以前第一次把森林开垦为茶园时的土壤质量。

甘蔗

甘蔗的废弃物组成变化很大。在传统农业中，所有的甘蔗渣都被焚烧用于蒸糖汁，主要的废弃物是老的甘蔗叶子、甘蔗根和燃烧的灰分；在现代糖厂里，除了上面这些，还包括工厂产生的一些废弃物如滤饼、一些未燃烧的甘蔗渣、酒精生产后的蒸馏废水。不管哪种情形，主要废物就是甘蔗残渣，而且其结构和化学组成决定了它很难转化为腐殖质。

在化学肥料到来之前，甘蔗园里保留动物是一个传统，例如饲养驴、牛用来运输和耕作。这些动物圈舍中垫着甘蔗渣，就会产生一种粗糙的农家肥料，在西印度叫做圈肥(pen manure)。在化学肥料引进后不久，这种圈肥的价值开始基于化学分析重新被评估。

拿圈肥的氮、磷、钾生产成本与相同数量的化学肥料的这些元素进行比较，结果是化学肥料很快就开始代替了圈肥，这些动物开始被认为是昂贵的奢侈品，拖拉机和卡车解决了这个问题。既然可以采用廉价的机器和进口燃料，那还需要这些靠土地饲养的昂贵的驴和牛干吗？大量非常清晰的证据表明其间利弊清晰，这样放弃动物和圈肥就自然伴随而来。这种错误的质疑在农业领域已很普遍。

甘蔗对这种肥料的变化反应很有趣。两件事情发生了：①昆虫和真菌疾病增加了；②甘蔗品种有明显退化的趋势。随着甘蔗种苗的出现这些困难也不断被遇到。与这种大型甘蔗园形成明显对照的是印度北部甘蔗种植的例子。在那里甘蔗田只使用牛粪，生产中没有出现这些病害，甘蔗品种也没退化。联合省(United provinces)的当地甘蔗品种在没有真菌学家、昆虫学家或植物育种家的帮助下已经种植了20个世纪。

为什么一个甘蔗品种会退化以及为什么会得病？甘蔗属于无性扦插繁殖，在印度当甘蔗在自然养分下长出新芽时，其品种性状表现是永久的。然而在甘蔗种植园，当甘蔗新芽在施用化学肥料下萌发时，其品种是短命的。对这种区别一定可以找到一些简单的解释。

在化学肥料出现和新甘蔗种苗被发现之前，早期的甘蔗园究竟发生了什么？例如在西印度，直到19世纪的最后十年里波宝(Bourbon)实际上是大家使用的唯一的一个品种。这一老的品种几乎没有病害也没有退化的趋势。因此印度联合省种植者的经验就是不断在甘蔗地重复种植这一品种。

对于甘蔗品种退化的最简单的解释是化学肥料不适合甘蔗以及导致初期的营养不良。这样碳水化合物和蛋白质的合成会表现得差一些，结果是甘蔗的每一代产出都比平均产量要低一些。这一过程最终会导致甘蔗生长活力的明显丧失以及不能抵抗寄生病菌的侵袭。换句话说，这一品种将要退化掉。

如果可以证明甘蔗是一种菌根形成者并且以两种方式被滋养：①绿色叶片中合成的碳水化合物以及蛋白质；②甘蔗根直接消化真菌体。那么上述假设将可能形成一个基本原则。

在1938—1939年间，我们采集了一些甘蔗根以检验这一观点。材料从印度、路易斯安那州和纳塔尔(Natal)三个地方获得。在所有的情况下，甘蔗根均呈现出与菌丝体有关。从纳塔尔发送来的大量材料，包括使用化学肥料生长的甘蔗、使用腐殖质肥生长的甘蔗和同时使用两种肥料的甘蔗，结果是具有启发性的。腐殖质施用后伴随着大量真菌的建立以及菌体被甘蔗根的快速消化。化学肥料则倾向于或是消除它们间的联系或是阻止真菌被甘蔗根系消化。这些结果显示了从圈肥到化肥的变化是甘蔗产生病害的根源，也是甘蔗品种退化的原因。我们正在研究初级营养不良的影响，这种情形在全世界除甘蔗以外的许多作物中都表现非常普遍。

毫无疑问，通过这些观察研究，甘蔗种植的未来政策应该是把甘蔗渣和其他废物转变为腐殖质。对甘蔗渣进行堆肥的困难是如何启动发酵，然后保持这种状态。甘蔗叶子有一层防水层不容易吸收水分，再者这种材料含氮量非常低（约 0.25%），然而灰分（7.3%）中却含有 62%的氧化硅。生产腐殖质的微生物很难利用这种顽固材料。问题是怎样很好地帮助它们：一是使蔗渣吸足水分；二是尽可能提供易发酵的植物物质。糖蜜若有的话可以用来帮助发酵。如果要合成高质量的腐殖质就必须提供充足的粪尿，否则产品会缺少一些生长物质。在提供合理的粪尿以及足够的像绿肥植物这种易发酵物料的情形下，依托蔗渣和糖厂的其他废物没有理由生产不出一流的腐殖质，甘蔗园也没有理由不能成功的养活自己。从已经完成的工作来看，需要具备的条件应该是清晰的。代蒙德（Dymond）的做法已经显示堆肥前，蔗渣必须要风干一下，风干叶子从开始就需保持一定的湿度，只有这样真菌细菌才能发挥更好的作用。从 1938 年在纳塔尔（Natal）实施的多个试验的结果表明，滤饼、皮屑和其他废物都能帮助完成这一转化过程（表 2）。

表 2　纳塔尔地点的甘蔗渣堆肥　　%

序号	堆肥原料	营养成分						
		水分	灰分	N	总 P_2O_5	可利用 P_2O_5	总 K_2C	可利用 K_2O
1	牛圈肥	60.5	30.6	0.74	0.28	0.14	S. T*	
2	滤饼	74.2	44.0	0.67	0.68	0.52	S. T	
3	牛圈肥和滤饼	61.0	33.3	0.71	0.40	0.28	S. T	
4	牛圈肥、滤饼和糖蜜	64.8	34.6	0.70	0.40	0.20	S. T	S. T
5	甘蔗渣	28.5	20.0	0.72	0.40	0.21	0.52	0.30
6	牛圈肥、滤饼、硫酸铵和硫酸钾	59.2	27.8	1.00	0.42	0.29	0.72	0.49
7	现有材料的农场堆肥	55.5	27.6	0.78	0.32	0.24	S. T	

续表 2

序号	堆肥原料	营养成分						
		水分	灰分	N	总 P_2O_5	可利用 P_2O_5	总 K_2O	可利用 K_2O
8	现有材料的农场堆肥	52.2	29.6	0.67	0.89	0.56	S.T.	
9	现有材料的农场堆肥	57.8	33.1	0.91	0.56	0.44	S.T	
10	现有材料的农场堆肥	41.0	30.0	0.84	0.44	0.36	S.T	
11	现有材料的农场堆肥	29.2	9.9	0.67	0.27	0.20	S.T.	

* S.T 指缺乏数据。

这些结论很相似，并进一步确认了 1935 年在印度丹部(Tambe)和瓦德(Wad)得到的结果。在纳塔尔估计 100 吨去皮甘蔗能产出含氮 127 千克和含磷 73 千克的堆肥 40 吨。

主要的困难是堆肥时必须经常校正蔗渣较高的碳氮比。问题的解决也很简单:怎样用最廉价的方式把各种废弃物收集起来并把成品腐殖质撒到地里。显然这里没有一成不变的步骤，解决问题的正确办法会随着地点而变化，只有在现场的人才能做好这个工作。

未来的甘蔗园很可能要逐步地实现肥料自给，一段时间之后就不用花钱买化学肥料了。然而，改变现在的施肥方法需要时间，并且起初不会有足够量的优质腐殖质，因为养殖动物的数量太少。

在开始的时候施用少量腐殖质的最佳方式是什么呢？这是一个非常重要的问题。我认为应该致力于作物生长的土壤。从理论角度说，这些甘蔗渣应该在垄沟里发酵，并且在作物生长期的每个阶段都要保持土壤的通气性。垄沟应该给以很好的耕作，至少在种植前 3 个月要施入事先准备的新鲜腐殖质。这些甘蔗茎应被看成是种植园最重要的财富，并且应不遗余力地生产出最佳的腐殖质。未成熟的甘蔗是否可以播种应加以研究，可以肯定的是，播种后的甘蔗在有新鲜腐殖质的土壤上生长的要好，每株植株一定要播种好。随着甘蔗园有机质的供应增加，在小块种植地上有良好效果的那些方法就可以扩展到整个甘蔗园。

一项在印度和纳塔尔进行的研究工作使以上所述的可能性变得更

为清晰起来。1938 年 3 月代蒙德(Dymond)用下面的话对整个问题进行了精辟的总结：

> 化肥使用方便，在经济景气的时候很容易购买到，或者在不景气的时候就完全不买；化肥成了与自己邻居间永无止境的交谈话题，也是与供应商争论的源头，化肥是一个人良心的责任和诱饵。然而腐殖质意味着更多的劳动，更多的关注，更多运输和麻烦。不过，腐殖质是永久性农业的基础，化肥则是现在和已经消逝的明天的政策。

棉花

1924 年在印多尔新成立的植物工业研究所开始研究棉花之前，一个对棉花生产的调查已经在印度各地展开，同时有关棉花的研究进展也在评估中。

印度两个最重要的棉花种植区：①来源于玄武岩的半岛(Peninsula)黑棉土壤种植区；②印度西北部冲积平原种植区，其土壤由印度河-恒河沉积而来。

在黑壤种植区，毫无疑问有许多例子说明应该对这种作物进行研究。在黑棉土种植区的村庄周围，施肥多的地块富含大量的有机质。这里的棉花不论什么季节都表现出长势好、无病虫害、籽棉产量高等特点。在同类型区但不施肥的相邻地块里棉花长势要差一些，只有在降雨量分布均匀的年份产量才能让人满意。限制棉花生长的因素是雨后土壤胶体条件的出现，并直接影响到通透性。这在整个黑壤区都存在，但提高有机质能减轻这种状况。

在印度西北部冲积平原种植区也存在类似的限制因素。这里的棉花生长需要灌溉，频繁灌水会导致细小土壤颗粒沉积在一起，并形成土壤胶体。一段时间后那些美国棉花品种生长的就不如本土品种，其花粉不能正常发挥作用，植物也不能发育出完整的种子，成熟期被无限延长，纤维的韧性、品质和使用寿命都表现差。其原因是土壤通气性差，并导致土壤偏碱性，限制了棉花作物从土壤中吸收充足的水分。解决这种板结最简单的方法是通过使用腐殖质协助土壤形成团聚颗粒。

因此，印度棉花研究工作的基础就是通过实地研究揭示存在问题，其中主要问题就是如何最好地保持土壤通透性。在能提供更多的腐殖质下这个问题是能够解决的，因此良好的耕作方法才是印度棉花问题的关键。

世界各地已经完成的研究工作对此没有任何帮助。棉花研究最根本的缺点是把不同影响因素分割开、缺乏方向、不能准确把握问题、科学方法过于狭窄以及没有充足的种植经验等。

因此，需要采取措施加快已经在普萨（Pusa）研究所开始的腐殖质生产工作，印多尔工艺就是这一工作的产物。首先要在棉花上测试其效果，有关结果总结在表 3 中。

数据显示，不论降雨量和分布如何，施用腐殖质后不久籽棉产量就达到当地邻近相似地块平均产量（15 千克/亩）的 3 倍。

印多尔主要的废弃物是老的棉花秸秆，堆肥之前要先把棉秆粉碎，可把它放置在乡村路边，靠过往车辆很快就能粉碎到适合做牛舍垫料，然后再放进堆坑中进行堆制。

表 3　印多尔土壤肥力增加情况

年份	改进后棉花种植面积/亩	平均产量/(千克/亩)	年度最好地块的产量/(千克/亩)	降雨量/毫米
1927	125.04	25	29	710(分布较好)
1928	40.3	38	38	1 040(雨水充足)
1929	224.47	43	56	590(分布差)

最早使用印多尔工艺的棉农是赫尔科尔（Hearle Cole）上校，他在旁遮普（Punjab）邦蒙哥马利（Montgomery）区的科尔雅那（Coleyana）种

植园建立了一个与植物工厂研究所类似的堆肥厂。在这个中心所有可利用废物从一开始就进行规范化的堆肥，现在每年可产出上千吨腐殖质成品。棉花生产已明显受益于经常的腐殖质施用：纤维的质量得到了改善，销售价格提高了，现在所需的灌溉用水不到原来的1/3。邻近的庄园都采用了堆肥技术，许多感兴趣的参观者已经看到了这些进展。然而，旁遮普这项工作的一个优点被忽视了，即这个庄园给省农业厅种子分发计划贡献了大量的从肥沃土壤上生产出来的优良种子。棉花种子育种成功有两个因素：一是改进的良种，一是在富含腐殖质的土壤中生长。

第一个采用印多尔工艺堆肥并种植棉花的农业厅成员是杰金斯(Jenkins)先生，当时他是信德 (Sing)邦的农业官员。他证明了腐殖质的最大价值在于保持土壤的碱性条件，维持棉花植株的健康生长以及增加纤维产量。例如，在萨克兰德(Sakrand)，1934—1935 年间利用棉花秆和作物秸秆加工了至少 1 250 马车的成品腐殖质。

近年来，印多尔工艺已经在属于英国棉花种植公司的非洲一些棉花农场进行了尝试。例如，在罗德西亚(Rhodesia)加土马(Gatooma)的皮特(Picton)先生取得了有意义的结果，并发表在 1939 年 8 月 17 日的罗德西亚先驱报上，表明堆肥不仅明显提高了棉花纤维产量，其对轮作的玉米也有效果。

为什么棉花对腐殖质反应这么明显却刚被发现？这里有一个有趣的故事必须记录在案。1938 年 7 月我在《英国棉花种植综述》上发表了一篇文章(1938 年第 15 卷第 3 期第 186 页)，该文章讨论了从肥沃土壤向植株传递抗病性中菌根的作用。文章最后一段指出，几乎可以肯定的是菌根对棉花生长十分重要，这种显著差异在柬埔寨(Cambodia)通过生长在园地(富含腐殖质)及普通不施肥土壤上的棉花产量以及纤维长度得到了充分证明。在该杂志接下来的一期(1938 年第 15 卷第 4 期第 310 页)我又给出证据证明了棉花是菌根形成者，菌根这一因素对棉花产业的意义在下面这段话中得到了强调：

> 谈到棉花生产，其根系与菌根的共生关系是必须的，也是其他作物所具有的。今后应加大努力建立良好的耕作方法，利用植物和动物废物生产腐殖质以恢复土壤肥力。这样土壤、植物和动物之间的平衡就可以建立和得到维持。在任一特定棉花种植区域，保持牲畜数量和棉花种植面积之间一个合适的比例显得至关重要。只要能保证这一点，棉花产量就会有明显的增加、纤维品质也会明显改善，作物健康也会趋好。如果菌根关系确实在发挥作用，土壤和植物间的自然营养渠道也在发挥作用，这一切就都是必要的。任何撇开这一机制的尝试注定是要失败的。
>
> 未来的棉花研究工作将从一个新的基础即土壤肥力开始。在从今天的研究向未来研究过渡过程中，目前研究的一些问题要么会消失，要么需要对其进行整体的全新研究。一块肥沃的土壤可以帮助植物绿叶完成蛋白质和碳水化合物的合成，结果是现在由于真菌、害虫和其他病害付出的成本将会得到降低，一直被减少到正常的不重要的程度。我们也将越来越少地听到尼亚萨兰(Nyasaland)棉花种植区土壤侵蚀的消息，因为肥沃的土壤将会在雨季吸收掉这些水分从而在源头上防止了这种麻烦。

这些开创性成果的推广验证工作接踵而至。在《英国真菌学会论丛》(1939 年第 22 卷第 274 页)巴特勒(Butler)提到了从苏丹到印度古杰拉特(Gujerat)棉花根系菌根旺盛生长的情形。在 1939 年 7 月 1 日的自然刊物上，尤尼斯萨比特(Younis Sabet)记录了埃及棉花根系菌根的作用。在 1939 年 7 月的英国棉花种植综述上，德纳(Rayner)博士证实了菌根在柬埔寨(Cambodia)和马尔维(Malvi)棉花根系中的存在，既包括黑棉花土壤，也有拉杰普塔纳(Rajputana)的沙质土壤。

剑麻

众所周知，剑麻叶子生物量的大约 93%是废弃物，只有约 7%是纤维，其中不超过 5%是可以提取出来利用的。通过冲洗排放出来的废水，通常在一些邻近的山沟或空地积累起来，有时会进入溪流或河流，结果很可悲，这些废水会产生腐败臭味以及卫生问题，可在数千米远的地方检测到，并导致河流被污染，鱼类被杀死。在处理这些废水时剑麻场采用的一些原始方法总是令人沮丧。此外，在这些加工处理中所用的水，要经过打井、建坝或建水库，然后再提升上来，这些都要付出很大成本，结果又白白流走了。因此，剑麻种植场面临两个紧迫的问题：①如何把固体残余物，包括纤维转化成有用的腐殖质产品；②如何利用废水来灌溉农作物。

这两个问题在肯尼亚塔维塔（Taveta）的格罗根（Grogan）庄园获得了成功解决。该项工作开始于 1935 年，并一直得到稳步发展。相关研究结果被刊登在 1937 年 7 月的东非农业杂志上。

第一个问题是对排出废液进行固液分离，在塔维塔（Taveta）所有排出废液要通过一个栅格把固体部分截流下来，液体部分流到下面的一个水池中，然后再通过一个合适的分级渠道，以 1∶1 000 坡度缓慢流到灌溉农田。从栅格分离出的固体部分用木板货车运到一个水泥池中，自然下渗出的排水再回到农田进行灌溉。这样该项目有两个来源的灌溉水：分离出的液体部分和下渗的排水（图 1）。

合理安排堆肥基础很重要。把四组剑麻秆等距排列在轨道两侧，并摆成一个角度；在其上，为方便曝气，间隔摆放分离出的固体废弃物，直至形成一个长 4.5 米、宽 1.2 米、高 0.6 米的堆体（图 2）。所有新建的堆体均需要起爆剂，每家种植园第一次生产堆肥时均可从其他剑麻种植园获得少量的采用印多尔工艺生产的新鲜腐殖质。抓几把这种陈堆肥，均匀

过滤废液

排水

用废水灌溉

图 1　剑麻废弃物的利用(一)

剑麻秆堆肥场所的轻轨和地基

铺撒原料

翻过的堆体覆盖有象草层

图 2　剑麻废弃物的利用(二)

地撒在堆体上，就足以开始发酵。这些废弃物在堆体上停留 30 天，在这期间嗜热菌的降解过程开始了，堆体温度可以升高到人手不能承受的程度。

堆体建完后 30 天就可进行第一次翻堆，此时堆体的体积已大大减少，可将两个堆体混合到一起。第一次翻堆后的降解主要由真菌进行，在这个阶段，每天早晨整个堆体往往会被长梗的蘑菇所覆盖。

再经过 30 天，就开始第二次翻堆。这时后熟过程开始了，距堆体建成后的第 90 天腐熟过程基本完成。来泽尔（Layzell）写道，最终产品类似一级的腐叶土，并含 1.44％的氮。只根据其所含化学成分，该堆肥产品在当地价值可达每吨 2 英镑。

大部分的腐殖质用于种植剑麻幼苗，以使所有新的产区在开始种植时可获得有活力的生长良好的植株，其余腐殖质则用于生产剑麻。

剑麻需要肥沃的土壤，也需要集约化种植而非粗放种植。当这点被遗忘时，企业就会破产倒闭，原因是当工厂附近的土壤肥力被耗尽了，生产利润就会很快丧失，游戏也就不再延续。把废物加工成腐殖质可以解决这个问题：工厂周边的土壤肥力可以得到维持甚至提高，此外令人厌烦的剑麻废水的倾倒也将成为过去。

在一个单月可生产 120 吨腐殖质的种植园，用于处理废物和翻堆所雇用的劳力为 34 名，另外还需 16 名额外工人来管理固液分离和运输，这样在这个中心就需劳力 50 人，另加 2 名管理人员。处理这些剑麻废料困难并不大，只需为工人提供保护皮肤的廉价油，否则叶汁会使工人的胳膊和腿上产生湿疹。

废水主要用来为农场工人种植一些粮食作物，以改善通常的玉米餐、大豆和盐的食物组合。所有这一切对农场工人的心理影响是显著的，它消除了大片种植香蕉、甘蔗、柑橘、马铃薯情况下工人及其家人对缺少食物的恐惧，从而让他们感到很安全。此外，工人的身体健康和劳动效率也迅速改善和提高了。在农场里工作若能保证粮食供应已被证明具有很大的吸引力，这也为招工提供了一个简单和有效的方法。

塔维塔(Taveta)的土壤中含有较多的石灰，所以这些偏酸废水在灌溉之前是不需要中和的。在其他庄园，这一点可能要给以重视。也许最简单的摆脱酸度影响的办法是把用于堆肥的固体部分分离后在废水槽里补充足够的石灰粉。

塔维塔采用的办法被用到其他地区之前必须满足两个条件：①在工厂附近有一块种植灌溉作物的合适平地；②工厂总体布局中要保证有足够的空间来堆肥，废弃物可以由轻轨运来，生产的腐殖质也可以很容易地运输到灌溉区和庄园的其他地方。

剑麻园腐殖质生产中一个明显需要改善的地方必须要提及，就是动物废弃物要添加到植物废弃物中。如果不能保持足够的牲畜数量来处理所有的剑麻废弃物，就应生产两种腐殖质：一种是加入动物粪便的堆肥，用于育种和苗圃，一种是不加动物粪便的堆肥，用于生产纤维植物。

玉米

目前英国农业的最大弱点之一是畜牧业(如猪、家禽和产奶动物)对于进口饲料的依赖，畜牧业的饲料供应正变得不平衡起来，像我们的城市人口需求和肥沃土壤上营养物质的供应不平衡一样。玉米是大量进口的牲畜饲料之一，不幸的是，进口玉米很大一部分是生长在贫瘠土壤之上；而且我们在喂养牲畜的同时也在间接地喂养着我们自己，我们在购买这些食物时通常只要价格便宜就行，不问其长在什么地方或品质如何。

然而，地球母亲对此提出了抗议，像肯尼亚(Kenya)和罗德西亚(Rhodesia)这些种植玉米的地区很快表现出土壤贫瘠的迹象。这些地区玉米的产量下跌了，任何有过玉米种植经验的人都知晓种植玉米这一作物需要肥沃的土壤。

肯尼亚、罗德西亚和南非的玉米种植者很快吸取了这个教训。未开垦的土地上长期种植一种耗肥作物会迅速降低作物产量，这也正是印多尔工艺提出的背景。印多尔工艺在肯尼亚和罗德西亚玉米区域的应用产生了良好的效果，对玉米秆和其他植物（包括绿肥作物）秸秆进行堆肥在肯尼亚和罗德西亚得到了广泛应用。

其中有两个案例值得介绍：在肯尼亚的罗盖（Rongai）、怀特莫尔（Whitmore）在三个农场应用了印多尔工艺。具体做法是将干的玉米秆、小麦秸秆、草和其他可利用的纤维原料作为垫料，让牛睡在垫料上。1 周后把垫料与木灰及土粪在坑中进行堆肥发酵，如果土粪量不够是难以维持高温的。90 天后经过 2 次翻堆（每次间隔 1 个月）就会产出令人满意的堆肥。这种产品对玉米收成的影响非常明显。在罗德西亚（Rhodesia），莫部瑞（Moubray）上尉得到了类似结果，附录 B 详细描述了这些结果。

在罗德西亚（Rhodesia），玉米的害虫之一是在当地叫作独脚金（witch-weed，Striga lutea）的一种寄生虫，可以用堆肥来控制。提姆生（Timson）发现了这个有趣的现象，并将结果发表在 1938 年 10 月的罗德西亚农业杂志上。将来自牛圈含土垫料堆制成的腐殖质以每亩 1.65 吨的量施用在被独角金大片感染的土地上，之后就会避免这种寄生物的困扰，玉米获得了大丰收，而旁边对照组的土地由于独角金影响成了一片“红色的地毯”。第二茬玉米在同一块土地上种植再次摆脱了独角金的困扰。这种寄生害虫可用来检验罗德西亚种植玉米的土壤是否肥沃：如果独角金出现了，则土地需要腐殖质；如果这种害虫不存在，则土壤中有充足的有机质。因此，良好的种植方式能提供一种自动控制寄生害虫的方法。

腐殖质肯定会影响玉米的质量和产量。在那些有玉米进出口的国家，都应该引进将从肥沃土壤长出的农产品进行分级和销售的新的系统。仅施用腐殖质种植出来的玉米应该做出说明和分级，只有这样良好的农产品才会被认可，并让人清楚沿土地到动物的整个过程，以把质量好的和差的玉米分别出来。这时，采购人员会知道这样分级出的产品喂养他们的牲畜后，牲畜会长的更好，很快他们就会发现这些产品很适合他们的牲畜。根据种植方式进行产品分级除了玉米外还适用于许多其他作物，它对于农业的发展和民族健康的重要性将在以后章节讨论。

水稻

到目前为止，世界上最重要的粮食是水稻。因此了解水稻对腐殖质有什么样的反应就变得很有趣。我们应该对其重要性给以期待，因为水稻幼苗总是在移植前大量地施用畜肥，在这一时期氮的含量比其生长的任何一个阶段都要高。

印多尔工艺的第一次试验是由已故的凯尔（Kerr）女士完成的，当时她住在第西帕里（Dichpali）的麻风病患者之家医院，她是在阅读了 1931 年出版的《农业废弃物》以后做出这一反应的：“如果他是对的，那么将意味着是印度农村的一场经济革命。”水稻被选择作为试验作物，在试验进行中她去世了。她的丈夫在一封信中曾总结了试验结果，这封信写于 1933 年 11 月 2 日，内容如下：

> 我们收割了全部正常生长的三块地上的水稻。1 号稻田用了 3～4 厘米厚的印多尔堆肥，2 号稻田用了部分农场垃圾加上 1 厘米厚的印多尔堆肥，3 号稻田为对照，没有添加任何肥料。
>
> 因为我们急于获得这些数据并提供给您，所以尚未能提供秸秆的重量结果。1 号稻田的秸秆是在 12 天前收割的，2 号稻田是在 2 天前收割的，3 号稻田是昨天收割的，因此 1 号是干的，而 2 号和 3 号还是湿的。我们也获得了大小近似的秸秆捆的数量，1 号秸秆最多，并且可以做成相当好的水牛饲料（表 4）。
>
> 一旦我们将 182 亩稻田全部施用堆肥，我们就有可能迎来

50 或 60 多名麻疯病患者到这里来收割稻谷。根据你们日常通用的统计方法判断这并不是一个科学的结论，但对我们来说却是很实用的事情。

随后写于 1935 年 10 月 10 日的一封信，对在第西帕里(Dichpali)进行的印多尔工艺取得的经验总结如下：

印多尔堆肥是生命所赐的物质之一，就像蒸汽、电力和无线电话一样。在这里我们根本就离不开印多尔堆肥，它改变了我们所有的农业做法。我们淹水种植了 260 亩的稻田，这些地在 3 年前都相当贫瘠、盐渍化很严重，就像一层明矾粉末撒在地表一样。我们现在已经恢复了 170 亩，并且在今年获得了丰收，这片土地已经有很多年没有长出这样好的作物了。其余的 90 亩稻田则和以前一样干瘪瘦弱。凭借工厂的 30 坑堆肥我们基本维持了堆肥供应，但我们还不能满足需要。堆肥现在也应用于饲料作物，效果很明显。把 0.6 厘米深的堆肥撒到土地上，可确保收成至少比不施多三四倍。

表 4 为不同条件下第西帕里麻风病患者之家的三块土地种植水稻的收成结果，所有的实验组都是一样的种植方式。

表 4　不同条件下三块土地种植水稻的收成

项目	1 号稻田	2 号稻田	3 号稻田
土地面积/米^2	1 950	1 950	1 950
种子数量/千克	2.7	2.7	2.7
稻谷产量/千克	190	107	27
秸秆产量/捆	138	106	40

在水稻育苗方面，稻谷对于有机质的明显反应是众所周知的。第西帕里(Dichpali)的结果表明，移栽水稻对腐殖质也有反应。在育苗期土壤的条件是有氧的，而在移栽后作物的根生长在水中，氧气供应主要取

决于藻类的活动。当活性氧溶解在水中时，腐殖质是怎样影响水稻的生长？育苗期和移栽后的水稻根系是否有菌根生长？如果是，第西帕里(Dichpali)的结果很容易得到解释。如果不是，腐殖质又是怎样影响在水中种植的水稻作物的光合作用？在这种情形下有机质的硝化作用似乎很难进行，原因：①该过程需要足够的空气；②在稻田里形成的硝酸盐将被大量的水稀释。然而，如果菌根关系发生在移栽的水稻根系上，第西帕里的结果就不用解释了。

在这本书被出版社批准出版时，印度贾巴邦(Jhabua)的瓦德(Wad)先生于1939年10月27日采集到了施用腐殖质播种116天后的移栽稻谷的表面根系样本，这些根系在1939年12月11日经过莱文森(Levisohn)博士的检验，报告如下：

> 第一个分支的侧根表现出普遍的内部菌根感染，可肉眼看出菌根区域是不透明的，成串珠状，缺乏根毛。活跃的菌丝的直径很宽，它们很容易穿过细胞壁并且形成卷、泡囊和丛枝；菌丝可以显示出消化的早期和晚期特征。大量的颗粒状物质迅速地在细胞中变换位置。

无疑水稻是菌根形成者，这一事实立即解释了这一作物对于腐殖质的明显反应，也从这一事实上可以展开一系列新的调查研究。水稻的产量、质量、抗病性以及营养价值都很可能被发现取决于菌根作用的效率。

蔬菜

在露地和温室中种植商品蔬菜，首要问题之一是腐殖质的供应。以往马车运输十分普遍，城市里(如伦敦)喂养了大量的马，经常一早去到市场载着蔬菜的马车到下午返回时总会带回一堆粪肥。内燃机的引进改变了这一点，于是肥料短缺的现象开始了。在多数情况下，商品菜园是和大型农场不相干的，他们没有饲养那些必须的动物，这样这些菜园就不可能实现肥料的自我供应。结果是城市里销售的蔬菜由化肥种植的比例持续增长，可能会有令人满意的产量，但是在口味、质量和保持特性方面这些产品会明显不如用农场有机肥料种植的蔬菜。

想区分开使用氮、磷、钾化肥种植的蔬菜是一件很容易的事情。这些蔬菜坚韧，像皮革，纤维很多，且缺乏口味。相比之下，那些用腐殖质种植的蔬菜明显细嫩、易碎并且有很好的味道。**如何区分用有机肥和化肥种出的蔬菜、沙拉、土豆和水果应该作为饮食方面的重要一课教给一个国家的每个学校、机关和每个家庭。**事实渐渐表明当人们食用的新鲜蔬菜、水果、土豆和其他食物是从肥沃的土壤上种出时，那些像感冒、麻疹等这样常见的小病开始变少了。

城市怎样才能获得优质蔬菜生产必需的腐殖质？这个问题可能有两种解决办法。

首先，如果情况允许，应该将商品蔬菜种植园扩展为一个拥有足够数量牲畜的综合农场，这样所有的废弃物包括植物和动物废弃物都可以通过印多尔工艺转变成腐殖质。这一系统的第一次试验是在林肯郡（Lincolnshire）赛福利特（Surfleet）的爱西尼（Iceni）育苗场进行的。这项工作于1935年12月开始，并在威尔逊（Wilson）上尉写于1937年9月4日的备忘录中得到了很好的描述，当时英国协会的会员参观了他的农场：

> 爱西尼庄园大约有1972亩土地，其中包括耕地1 366亩，永久草地182亩，粗放式放牧地212亩和园艺地212亩。
>
> 这个庄园的主要做法证明了，即使在今天英国的某些地区对那些耕种很差的认为只能开发为商业活动的土地，人们也是完全有可能把它恢复到较高肥力水平的，并且能雇用很多的工人。
>
> 最后，庄园会发展成为一个比例适当，包含牲畜、耕地、草地和园艺的完整农业单元，在这一信念下相信经过几年的良好

管理，该庄园完全可能成为一个自我依靠的单元（即使不是全部），即不需要依靠外部供应的化肥和饲料，土地也会通过以下方式保持肥沃的状态，这在今天来讲也是相当不寻常的：①保持作物适当的平衡。②在场院里将小麦秸秆转变成肥料，并尽量利用农业废弃物生产腐殖质用于培肥土壤。

这里采用的腐殖质制作的方法被称作“印多尔工艺”，并且这一工艺被证明是成功的。在1936年，堆肥产量共计约700吨，本年度产量约为1 000吨。

由于堆肥的使用，在集约种植之下的土地已经达到了一种自立状态，最近两年农场里没有使用任何化学品，不管是肥料还是作为控制病虫的农药。唯一喷过的药剂是每年冬天在果树上使用的一种石硫合剂，但这种做法会在不久后停下来。

农场仍要购买一些肥料，但肥料的用量稳定地减少了，1932年花费675英镑购买了106吨，本年度用量为40.5吨，费用为281英镑。同样在种植土豆方面，以前需喷洒4～5次的药剂，现在只须喷洒一次，希望以后可以不再打药，就像很多年前当土地有活力而且肥沃时的情形。

最后，通过一种适当的作物轮作，农场可以变得像我的商品菜园那样实现自立，依我所见，这一点是没有疑义的。

可能的种植模式最终可以设计如下：455亩土豆，152亩小麦，152亩大麦、燕麦、豆类和油麻（用来饲养牲畜），90亩块根类（用来饲养牲畜），182亩一年生三叶草和裸麦草，喂养猪、禽畜或收割干草，随后翻耕。6月份农场牲畜饲养如下：22头牛（自己繁育的奶牛和小牛）、14头马（包括马驹）、15头母猪（为了繁殖）、103头其他猪和120只产蛋鸡。

尽管这样说太早，但我相信保持这些家畜再加上冬天饲养的大约20头牛对于这个农场来说是正确的。几年后当农场自己繁育的牛的数量增加以后,就不需要在冬天额外饲养这些牛了。

在这一备忘录之后,赛福利特(Surfleet)农场又取得了一个更大的进步。影响林肯郡(Lincolnshire)荷兰区(Holland,威尔逊上尉的菜园所在地)的冲积土上作物产量的因素无疑是土壤通气性,这些土壤很容易压实,因此土壤微生物和作物根系的氧气供应常常被中断,而底土排水设施将有利于减轻这一负面因素。1937年秋天,威尔逊上尉的整个蔬菜区均铺设了管道用于排水,正如所期望的那样,土壤通气状况立即得到了改善,这样作物生长就因腐殖质作用充分而获得明显益处。这一例子说明:在土壤、植物和动物之间建立的自然平衡能使作物在增产的同时表现更优质。

解决蔬菜种植中有机质供应问题的另一个方法或许也是最简便的方法,就是利用我们城市和村镇附近垃圾填埋场上百万吨的腐殖质,这一内容在第八章有详细的讨论。

葡萄

比较东方和西方在葡萄种植方面的差别有几个有趣的地方。在东方,葡萄树的种植主要是为了获得食物,而在西方包括非洲,大多数的葡萄则被酿成了酒。

亚洲葡萄的种植特点是品种的长期使用和动物粪便的普遍应用,很少有害虫和真菌疾病。那里不需要化肥、喷雾器和药物喷洒。

在西方,葡萄的种植面积和牲畜数量之间则失去了平衡。葡萄园大量取代了动物养殖,畜肥短缺并由化肥替代,品种寿命开始变短,害虫和真菌病害普遍泛滥,喷雾器和药物喷洒随处可见,葡萄种植失去了平衡,同时葡萄酒的质量也下降了。

过去三个夏天在普罗旺(Prorence)斯游览期间,我们以敏锐的眼光去寻找与中亚葡萄相符合的地点，也就是说这些葡萄长得很好，看上去和庭院里的葡萄完全一样，并且葡萄树的叶子和幼苗长得也很茂盛。最后，我们在罗讷河谷(Bouches du Rhone)的乔科斯(Jouques)村庄找到了这样的葡萄树。这些葡萄树的种植从来没有使用过化肥，一直用的是动物粪便，该葡萄园因其酒质好在当地有着很好的声誉。女园主安排做了活性根的检测，并展示了菌根组织，说明葡萄树可以形成菌根。而且土壤中的腐殖质也为葡萄植株提供了必须的营养，这就可以解释中亚葡萄品种能长期种植和缺少病害的原因。

南非西部省最近一次果树栽培的调查结果发表在1939年8月23日的农民周刊上，作者尼克尔森(Nicholson)提到在沙摩赛特西(Somerset West)和斯泰伦伯士(Stellenbosch)主路间的一个当地葡萄园采用了印多尔工艺：

> 沿这条路行驶，人们会情不自禁地关注这位农夫健康整洁的葡萄园。这个冬天的早些时候我参观了这个农场，看到了巨大的肥堆，它们很漂亮，得益于农场在牲畜栏里放了细小易腐熟的灌木。农场的猪也起了作用，在葡萄酒压榨的时节，葡萄皮会用来喂猪，而最终会以肥料的形式返回到葡萄园。

当欧洲的葡萄种植者看到他们的葡萄品种在退化、抗病性在下降、酒的质量也在下降时，他们必然会意识到这种农业失衡让他们失去了很多，毫无疑问他们中的一些先行者会采取措施来增加牲畜的数量，将所有可利用的废物转换成腐殖质，并尽快地回归到自然中。

参考文献

Dymond G C. Humus in Sugar-cane Agriculture. South African Sugar Technologists, 1938.

Howard A. The Manufacture of Humus by the Indore Process. Journal of the Royal Society of Arts, lxxxiv, 1935: 25 and lxxxv, 1936:144.

Die Erzeugung von Humus nach der Indore-Methode. Der Tropenpflanzer, xxxix, 1936:46.

The Manufacture of Humus by the Indore Process. Journal of the Ministry of Agriculture, xiv, 1938:431.

En Busca del Humus. Revista del Instituto de Defensa del éCaf de Costa Rica, vii, 1939:427.

Layzell S C. The Composting of Sisal Wastes. East African Agricultural Journal, iii, 1937:26

Tambe G C, and Wad, Y. D. Humus-manufacture from Cane-trash. International Sugar Journal, 1935:260.

第六章　印多尔工艺的发展：施用绿肥

自从舒尔茨(Schultz-Lupitz)于1880年第一次说明通过种植羽扇豆使德国北部的砂质土壤质地改善和变得肥沃以来，这种改良土壤方法的可能性已在许多实验站得到广泛探讨。后来，当豆科植物根部根瘤的固氮作用被证明之后，施用绿肥可带来土壤氮和有机质的积累很自然地就受到了人们的关注。19世纪末仅仅通过豆科作物这一简单且非常经济的方式就可解决土壤肥力保持这一重大问题。一旦开始种植豆科植物，根瘤就可被当做一个氮肥厂，作物的其余部分还可以提供腐殖质。这一切只花很少的费用，也不会严重干扰普通作物的种植。这种利用自然界氮磷钾养分的企求，导致世界范围展开对每一种豆科作物的绿肥种植试验。在少数情况下，尤其是对通气良好的土壤，绿肥作物翻耕后雨水可以很快地分散开来，并且有足够的时间来腐烂，结果是令人满意的。但是在大多数情况下，结果却令人失望。因此，很有必要来全面研究这一课题，并且在可能的条件下了解清楚绿肥种植在改善土壤肥力的同时为何会出现失败的种种原因。

综合考虑绿肥作物生长、残渣腐烂和应用中的所有影响因素可以帮助人们分析施用绿肥失败的一般原因。德国人施用绿肥曾获得成功，主要是包括时间在内的所有因素碰巧都很适宜。为了使下茬作物增收和某种程度上刻意去重复德国人的结果，通常会导致失败。盲目地复制德国的方法是没有用的，除非我们可以拥有和德国北部一样的土壤和气候条件。

施用绿肥的要素：①与当地农业相关的氮循环知识；②促进绿肥豆科作物根系快速生长和根瘤大量形成的必要条件；③绿肥作物翻耕时的化学成分；④绿肥腐烂期间的土壤条件。在探讨绿肥施用的可能性之前必须先研究这四个要素。

氮循环对当地农业的重要性是施用绿肥的一个要素，但很少被关注。在施用绿肥时应掌握氮素变化的所有可能性，如要了解在一年的什么时期会发生氮的积累，这些积累与当地的农业实践如何吻合，以及什么时候硝酸盐会通过淋洗和其他方式损失掉，这些内容将会在第十四章详细介绍。如果作物不能最大限度地利用硝酸盐，这一宝贵的元素就应通过绿肥或杂草、海藻等来固定下来。我们不能让氮素自己来照顾自己，它必须通过作物来吸收或由其他植物来固定下来。

作为绿肥的豆科作物生长所必需的土壤条件尚未给以足够研究。克拉克（Clarke）在印度沙贾汉布尔（Shahjahanpur）发现在绿肥作物播种之前往土壤里加入少量农家肥是有利的，它可以明显促进作物生长和根瘤的发育。而且施用农家肥后绿肥在土壤中的腐烂要明显快于不施的地块，其原因可能是施用少量农家肥除了刺激根瘤发育以外，还可能有效促进豆科作物根区菌根组织的活动。这里菌根组织是一个重要因素但却在绿肥中完全被忽略了。在魏克斯曼（Waksman）关于腐殖质的专题论文第 208～214 页的摘要中没有提及菌根。菌根在绿肥翻耕后留下的腐殖质利用方面估计也有重要作用。土壤腐殖质和植物之间活的桥梁必须给以合适的维护，否则人类希望得益于作物的营养就会受到影响。

绿肥作物生长过程中其化学组成变化很大。一株年轻植株或成熟植株被土壤微生物分解时，其差别也很大。魏克斯曼和特尼（Tenney）通过研究不同收获时间的典型绿肥作物(黑麦)给出了如下结果：生长初期的作物分解迅速，其中大部分氮以氨的形式释放出来并且是可利用的；成熟期的作物分解则慢多了，其中氮素表现很明显，微生物会利用部分土壤氮素以弥补缺乏，结果是豆科作物的腐烂过程没能给土壤提供可利用的氮素，反而导致了土壤氮的暂时缺乏。这些基本情况总结见表5。

表5　不同生长阶段黑麦植株的降解速度

(2克干物质降解了27天)　　毫克

生长阶段	释放的二氧化碳	以氨形式释放的氮	从土壤介质中消耗的氮
仅25～35厘米高的植株	286.8	22.2	0
穗开始形成之前的植株	280.4	3.0	0
开花之前的植株	199.5	0	7.5
几乎成熟的植株	187.9	0	8.9

绿肥作物腐烂产生的腐殖质的数量也取决于植株的年龄。生长初期的植株木质素和纤维素含量少，只产生很少的腐殖质残渣；而成熟的植株纤维素和木质素含量高，会形成很多腐殖质。这些区别如表6所示。

表6　不同生长时期黑麦降解时腐殖质的形成

化学组成	穗开始形成之前*			几乎成熟的植株**		
	降解初期	降解末期		降解初期	降解末期	
	质量/毫克	质量/毫克	占原质量的百分比/%	质量/毫克	质量/毫克	占原质量的百分比/%
不溶于水的有机物总量	7 465	2 015	27.0	15 114	8 770	58.0
戊聚糖	2 050	380	18.5	3 928	1 553	39.5
纤维素	2 610	610	23.4	6 262	2 766	44.2
木质素	1 180	750	63.6	3 403	3 019	88.7
不溶于水的蛋白质	816	253	31.0	181	519	286.7

* 生长初期植株使用10克材料(干基)，成熟植株使用20克材料；

** 生长初期植株为30天，成熟植株为60天。

从这些结果可断定，如果我们希望通过施用绿肥迅速提高土壤的养分，就应在绿肥作物的生长初期进行翻耕；如果我们的目标是增加土壤的腐殖质含量就应等到绿肥作物达到生长旺盛期再翻耕。

绿肥作物翻耕之后的土壤条件和其的化学成分一样重要。微生物降解绿肥植株需要四个条件：①足够的结合氮和矿物质；②水分；③空气；④适当的温度。这些条件必须同时具备。

经常导致问题的因素是土壤贫瘠，即结合氮和矿物质不足。因此，当成熟的绿肥作物翻耕之后，其腐烂对下茬作物的影响将取决于土壤肥沃与否。如果土壤很贫瘠，多数可利用的结合氮都被固定并用于绿肥的腐烂过程中，下茬作物就会缺乏营养，施用绿肥将会暂时失败。然而，如果土壤是肥沃的或者在绿肥翻耕时人为补充了额外的腐殖质以及用于绿肥腐烂的氮素，则下茬作物就不会缺少营养。在多数情况下土壤肥沃会让农民觉得很轻松。**毫无疑问，当土壤肥沃时，所有的事情都可以圆满完成；而当土壤贫瘠时，一切都是不可能的。**因此，在施用绿肥过程中，保持土壤肥力将永远是一个重要因素。

由于绿肥植株的降解是通过微生物进行的，如果水分减少到一定含量以下其腐烂过程将停止。

另外，如果空气供应被翻耕后的过量雨水切断或者绿肥作物埋的太深，土壤厌氧菌群会迅速繁殖，只能从下层土壤获取氧气。这时稀少的蛋白质就会被破坏，并且其中的氮会以气体释放掉。泥炭沼泽之中的化学反应就代替了那些管理良好的好氧堆肥前期过程，这种情形常常发生在季风气候下，这也是热带农业中绿肥施用不能让人满意的一个原因。

最后，温度因素对于有冬天的国家如英国也是重要的。这时要在土壤变冷前的秋天把绿肥翻耕到地里，以保证冬天来临之前完成堆肥的前期腐烂。

目前农业上的绿肥应用正在进行着。一般来说这些应用可分为三类：①保持硝酸盐积累；②生产腐殖质；③二者的结合。

保持硝酸盐积累

为了研究这一重要的问题,我们在最初就必须考虑大自然是怎样通过土壤微生物从有机质中获取硝酸盐以及如何来调控的。硝酸盐从未成为废物流失掉,而是通过植物(包括地表土壤藻类)来固定下来。另外绿肥植株很容易被分解,因此它们可以很好地保证硝酸盐的积累。

农民自己一般有两种固定氮素的做法。他可以通过种植豆科作物来截留多余的硝酸盐,或者通过管理杂草和土壤藻类让它们自动固氮。无论如何,硝酸盐不会作为废物流失掉,而是转变成年轻植株的生长,也不可能通过淋洗流失,而是通过土壤中的生物又转变成可利用的氮和矿物质。很明显如果杂草管理的很好,所有硝酸盐积累就可以被其生长利用,并且在翻耕后进一步分解被下茬作物吸收,那时就没有必要播种豆科作物,因为自然本身就可以做得更好。

我看过的同时利用杂草和填闲作物以固定氮素的一个最好的例子是由海恩斯先生(L. P. Haynes)在位于苏塞克斯(Sussex)宝迪姆(Bodiam)的洁尼斯公司(Messrs. Arthur Guinness, Son & Co)的大蛇麻园得到的结果。在蛇麻长成不久以后的 8 月份该种植园的地表耕作就停止了,之后播种少量芥菜与鹅肠草,园子很快就长成一片绿色地毯,不会影响到蛇麻的成熟。在采摘时期,这些混杂的幼苗茁壮生长,之后在夏末秋初时它们就已经为自己准备好了全部的氮素。到了秋天绵羊被放进来进行放牧并取食芥菜,它们的粪尿落在鹅肠草上,为土地提供了部分必须的动物粪便。春天,很容易被分解的鹅肠草被翻入肥沃的土壤中,可以及时地进行腐烂以为下茬蛇麻利用。现在蛇麻园的土壤中到处是鹅肠草的种子,所以此时地表耕作就被停止了,接下来的 8 月份就可种植新的作物。这里反映出的为适应蛇麻生长而对这样一种普通牧草进行管理以培肥的做法,对我来说似乎不值一提,缺乏创意,但现实中也很难找到比大自然提供的“不值一提”更高效的绿肥作物。在早春还能找到可以迅速分解绿肥作物并保持土壤肥力的更好例子吗？宝迪姆的地面几乎常年被绿色所覆盖，地面上不是种植着蛇麻就是鹅肠草，各种作物一个接着一个，太阳能几乎一整年都被完全利用着，蛇麻园里那些看不见的劳动力——蚯蚓和微生物被完整地保留着，人工和毒药的使用减少了，这些看不见的道理反映出的是效率的明显提高。

在英国这样的国家，是可以大量采用绿肥种植这种方法的。特别对果树、蔬菜和土豆种植来讲，完全可以沿宝迪姆一带在秋天种植一茬杂草作为绿肥。如果土地肥沃，这些杂草就会很容易被分解；如果土壤中有机质很少，就应在杂草翻入土壤前每亩铺撒一层不少于 800 千克的新鲜腐殖质以利于分解。

腐殖质的生产

利用绿肥作物生产腐殖质，比利用其固定氮素要困难很多。尽管如此，它对保持土壤肥力仍然十分重要。绿肥转变成土壤腐殖质的影响条件与堆肥基本相同，这些条件必须同时满足。若其中一个条件失败，整个过程就难以进行；如果施用绿肥失败了，下茬作物将播种在条件难以适应的土壤中。土壤腐殖质形成的结束和开始种植一种作物需要同时完成，这是很难的；往往这时土壤要接过被中断的任务，继续生产，这样的话会影响到作物生长。无法控制的因素是降雨，如果想成功在土壤中生产腐殖质，那么降雨必须是正合适的。例如在印度，通过 26 年的经验来判断，降雨在六七年内只有一次是正合适的，其余年份都是不合适的。通常的情形是在绿肥翻耕以后下了很多雨，好氧过程无法建立，相反形成了沼泽。在其他时期则雨量不足影响到早期真菌的发育。然而，在可进行灌溉的地方，即使缺少印度洋季风结果也差别不大。

然而，在个别情形下，也存在生产土壤腐殖质非常顺利的可能，我们可以举一个英国的例子。在林肯郡荷兰区的一些大农场人们种植土豆后轮作豌豆,并担心在种植下茬土豆之前如何生产腐殖质,这个问题已经得到了解决。7月初豌豆收割后被运到了收购站,在那里绿色的种子被分离了出来,大量压碎的豌豆茎则留了下来。豌豆收割后一般很快就会播种豆科作物,这时就要把这些压碎的豌豆茎铺撒在已播种豆子的地表,之后每亩地施一薄层1～1.2吨的农家肥。豆类作物长在土壤表面的发酵层中,并能帮助保持发酵层的潮湿,在其生长期间,覆盖在所有田块上的薄床中也生产出了腐殖质。到9月底,当豆子开花时,地面上的薄层堆肥就完成了;这时豆科绿肥便与刚准备好的堆肥层被轻轻翻入土壤中,腐殖质的生产进一步在土壤中继续。豆科作物在这种情形下迅速腐烂,在下茬土豆种植之前腐殖质生产的过程就完成了。

腐殖质生产后硝酸盐的保留

绿肥作物及其转变成腐殖质过程中涉及的氮素固定通常需要时间来完成,并需对所有操作进行控制,第十四章描述了成功应用这种方法的一个例子。在印度联合省的沙贾汉布尔甘蔗生产获得了丰收,原因是拦截了西南季风间隙期豆科植物所累积的氮素,然后就在同一块土地上靠秋天积累的氮素将豆科植物转变成腐殖质。

这样,把一种绿肥翻入土壤的基本原理和这些原理在农业实践中的应用不是一个简单的每亩增加几千克氮的问题,而是一个宽泛的和涉及多方面的生物学问题。而且它是一动态问题,不是静态的;其中涉及的因素是活跃可变的。不同因素间的作用要相互吻合,一方面要与农业实践相适应,另一方面要和季节相吻合。如果我们试图只基于氮素含量或碳氮比来解决这样一个复杂的问题,我们肯定会违反这些生物学法则,并进入到与自然一个又一个规则的冲突之中。因此,施用绿肥导致了这么多的误解和失望,就不难理解了。

施用绿肥的改革

在土壤中生产腐殖质带来的不确定性可以通过种植绿肥并为堆肥提供原材料来克服。当然这增加了劳动力和费用,但是在许多国家已证明正成为一种商业做法。例如在现在的罗德西亚,人们经常种植盐大麻(san hemp)以提供落叶(高氮含量),并与玉米茎混合改善碳氮比后用于牛栏垫料。这样就可大幅度减少对土壤的负担,土壤只需要在收割期对绿肥作物的根部残留进行腐烂。这里腐殖质的生产事实上是在土壤和堆肥场两处完成的。

在将低氮物料(例如甘蔗叶子和棉花茎)转变成腐殖质过程中,最好的办法是将这些难处理的物料与绿色状态的豆科植物混合,后续腐殖质的生产就可加速并且简化,需要的水量也减少了,这对绿肥作物生长的土地是有益的。

参考文献

Clarke G. Some Aspects of Soil Improvement in relation to Crop Production. Proc. of the Seventeenth Indian Science Congress. Asiatic Society of Bengal, Calcutta, 1930:23.

Waksman S A, Tenney F G. Composition of Natural Organic Materials and their Decomposition in the Soil. Soil Science, xxiv, 1927: 275; xxviii, 1929: 55; and xxx, 1930: 143.

第七章　印多尔工艺的发展：草地管理

在英国这样一个国家解决草地管理问题通常可采用不同的方法。我们可以采纳现有农业研究机构的意见来研究这一问题，也可吸取国际范围禾本科牧草和豆科苜蓿管理的经验。目前的研究机构，如威尔斯(Welsh)植物育种实验站、罗维特(Rowett)研究所或洛桑实验站都只独立研究草地问题的某些细节，未进行深入的全面研究。作者曾经在一些牧草及苜蓿作物种植方面有过长期广泛的一手经验，这里将对英国草地管理原则提出一些新的思路，并将借鉴热带地区的一些实践经验。

牧草和苜蓿广泛分布在世界各地的不同海拔和不同土壤水分条件下，从热带到温带均种植有单一或混合的不同品种。每个地方都能发现这些短期牧草，通常由禾本科牧草和豆科苜蓿组成。人们已成功地混合种植这两类植物许多个世纪了，东方很早就开始了适宜的牧草种植，而英国这个常年被繁茂的森林和不可逾越的沼泽覆盖着的岛国则要晚很多。

牧草和苜蓿种植需要什么必需条件？对这一问题的清晰回答来自热带农业实践。因为在热带各种生长条件在植物上面会有明确和显著的特征，反过来在英国这样一个潮湿温带岛国，这些反应均很和缓甚至模糊不清。

牧草中种植最广和最适宜的品种包括：甘蔗、玉米、谷子和印度草（*Cynodon dactylon* Pers.），紫苜蓿、圣麻（*Crotalaria juncea* L.）、瓜尔豆（*Cyamopsis psoralioides* D. C.）和木豆（*Cajanus indicus* Spreng.）则是典型的苜蓿品种，后两者经常与谷子或玉米混合种植，在英国红三叶草和黑麦草也经常与禾本科混合种植。

首先应该考虑的是牧草种植，在后面章节里将详细介绍甘蔗的种植。施用腐殖质、足够的土壤通气结合新品种使用这些条件，可保证牧草生长旺盛、抗病和产出最高的产量和优质的产品，还不至于耗竭土壤。玉米表现基本一样，它或许还是最好的“土壤分析师”：人们若试图离开有机质种植玉米，则会看出土壤肥力对牧草的决定性作用。印度草是热带地区十分重要的一种饲料作物，需要频繁的耕作和丰富的腐殖质，其对腐殖质和土壤通气的反应还要比玉米明显，一旦这些因素有所限制作物生长就会停止下来。印度草的这些表现说明世界范围内牧草的种植必须满足上述条件。

在印度灌溉条件下种植紫苜蓿时，若不采取措施保证有持续的农家肥供应和良好的土壤通气条件，则经常会面临一些失败。若能保持适宜的土壤条件，则其产量高出 20 余倍也是可能的。一旦表层土壤板结并停止定期施用有机肥，则产量会大大减少，每年的收割次数会降到 3～4 次，质量也会很快退化。种植圣麻用于绿肥或制种时，只有给作物施用牛粪或腐殖质，才能获得满意的结果。这两种豆科作物并非个例，豆科中的所有作物只要提供农家肥或腐殖质其生长就茂盛，而这些并不符合理论。

根据教科书里写的，豆科植物根系的根瘤只依赖于从空气中固定的结合态氮素，并不需要氮肥供应。但实践经验有时与理论离得很远，必须在实际操作中考虑更多的因素，这一点让我在 1938 年 1 月又一次受到了启发。当时在锡兰的瓦尔德马（Waldemar）茶场，我看到一种猪屎豆属的绿肥植物（*Crotalaria anagyroides*）在富含腐殖质的土壤上长势极其旺盛,根系发育也非常例外,经过检查其活性根发现有很多的菌根存在。类似土壤上生长的其他热带豆科植物也存在菌根组织,而且在法国和英国收集到的一些三叶草品种也表现出相同结果。这些结果表明圣麻、紫苜蓿和许多其他热带豆科植物对施用牛粪的反应非常显著,它们一定都是菌根形成者。

我们所知晓的事实是:豆科植物和牧草种植都需要这些生长条件,而豆科植物已证实属于菌根形成者,由此可推断禾本科牧草也存在菌根这种组织。首先我们调查了甘蔗,并已证明存在菌根;接下来研究了法国和英国的草甸牧草和牧场牧草,包括 1938 年和 1939 年在普罗旺斯地区位于萨隆河和白羊河(Arles)之间的克呼(La Crau)草甸牧草,经过两个季度的研究发现这些牧草根系均感染了菌根。莱文森(Levisohn)博士有关 1939 年 7 月采集的样品的报告是这样说的:“长短根上均有零星和深度感染,松散的菌丝分布在胞内或胞间,消化产物分布常有变化”。1939 年从克呼采集的材料中蒲公英属(*Taraxacum*)植株根系上菌根发育最明显,至少 1/4 的牧草有菌根发育。

这里长短根内层的菌根感染情形是:“分布很广,且侵染较深;菌丝直径较粗,胞壁薄并含粒状物;主要分布在胞间;消化分解发生在所有阶段;根毛形成稀少;根系的菌根感染区域肉眼可看到串珠状、较透明、浅黄色等特征(摘自莱文森)”。由此推断一些牧草或全部这类牧草在把土壤质量传播到植物和动物营养过程中或许发挥着重要的作用。由英国两个著名农场(威尔特郡(Wiltshire)的豪色尔(Hosier)农场和莎普施(Shropshire)的基尔沃特(William Kilvert)牧场)取来的牧草样本也进行了分析,结果与克呼牧场的类似,很明显禾本科牧草,如同苜蓿一样也是菌根形成者,这也就解释了这两类植物对腐殖质的反应明显这样一个事实。

在英国这些国家对草地问题基于不同方面的独立研究给我们提出了一些新的见解,即考虑到营养问题时禾本科牧草与豆科苜蓿实际属于一组植物，而非两组。它们都需要相同的东西：腐殖质和土壤通气，都与土壤有机质紧密联系，并通过活的真菌桥（即菌根，译者注）在植物营养和草地管理中发挥了关键作用。倘若这一观点是正确的，则只要增加草地中腐殖质的自然形成，就一定伴随牧草产出的改善以及牧草承载能力的提高。现在就要研究增加土壤腐殖质形成的各种途径，具体如下：

1. 地表残余物利用。牧场土壤有机质形成方面最令人惊叹的例子发生在豪色尔农场靠近马尔伯伦（Marlborough）的丘陵上，仅仅通过把围栏放倒，就取消了农场场院、牛棚和粪车，以应对战争后的物价滑坡。其应对灾难的做法是对的，并有助于开辟新的一块天地。这些牛群一直在室外取食和生活，它们在移动的草地上产奶，它们的粪尿遗洒在废弃的牧场上，这时牧草残茬就会与粪、尿、空气、地面接触，这个过程就像印多尔工艺，豪色尔先生的那些看不见的劳动力在发挥作用，这些土壤中的微生物沿着整个丘陵生产了一层的腐殖质，蚯蚓又进一步对腐殖质进行了分配。借助菌根的作用，这些牧草和苜蓿的根系很快就会利用这些腐殖质，牧草产量由此提高了，这块牧场的承载力也突飞猛进地提高了。土壤肥力得到了提高，每隔 5 年左右就可种植 2～3 茬干草以获利，接下来仍种牧草。让人感到意外的是，牧场上的动物健康也由此受益，附近牧场曾预测这些牛群很快会因肺结核和其他疾病而毁灭，但从未发生。豪色尔先生不仅仅解决了一个当地问题，还为一个新的理论提供了依据。他的工作让人们注意到了低地的潜在价值，正是这些地区在罗马和撒克逊时期支撑了相当数量的英国人口。

2. 矿渣的利用。许多草地的下层土壤黏重，其腐殖质生产的限制因子不是粪尿而是氧气，在哪里除了空气其他因素如动植物废弃物、水分等都很丰富；在这种草皮下土壤会一直处于窒息状态以致死亡，也可通过草皮下硝酸盐的缺乏反映出来。大约 50 年前，人们发现这类草场可通过表施矿渣得到改善，这些矿渣中含有磷素，其使用促进了苜蓿的生长；其原因可能是这些土壤在长期放牧下，把大量的磷素转移到动物骨骼中,导致了磷素的缺乏。因此当我们检查那些施过矿渣的牧草时,会发现腐殖质已经在形成。但通常在这些土地上连续施用矿渣 5～6 年后效果就会减小,如我们在白垩土草场上施用滑石粉时则没有任何作用。另外磷素的缺乏一般发生在重度白垩土草场的个别地点,在轻度白垩土草场上则不会发生。这些结论并不总是一致,有时还相互矛盾。我们谈论的磷素缺乏真的在这些地块上存在吗?或许施用矿渣后腐殖质的形成并不能解释施肥带来的长期效果?我们不是也证明不了施用矿渣对紧实土壤的作用只是一种物理效果,即改善通气、降低酸度和促进腐殖质形成?或许通过研究深耕后紧实草地通气改善后发生的变化,我们才可以回答这些问题。

3. 深耕。有关紧实草地深耕后的效果由博纳德格林威尔(Bernard Greenwell)先生描述如下,这也是 1939 年 1 月 30 日由他给农民俱乐部汇报的内容:

> 以草地为例,或许通过机械耕作结合后续的集约放养其改造效果要好于人工施肥。有人建议我们对次等牧场进行翻耕然后再播种牧草,但这一做法值得思考,因为邻居这样做要花费每英亩 3～5 英镑的成本,而且其结果好坏还未确定。另外还要有大量工作,如清理沟渠、开通地表及地下排水。我还发现,采用兰塞姆(Ransome)开沟犁或轮式深耕机,开出深 30～35 厘米的沟,沟间距 1.2 米,这样牧草会长得很好,也会在牲畜上反映出来。
>
> 在一块经过部分深耕的田里,我们发现深耕的部分牛吃的较多,而未深耕的部分则取食很轻。而且成本也不高,估计 1 台 40 马力拖拉机工作一天成本为一英镑,还包括劳力及折旧等。一台拖拉机一天可深耕 55～60 亩。

很明显通气性差是马登(Marden)公园牧草生长的限制因素,一旦通气条件得到保障,腐殖质形成就会开始,牧草生长也会得到极大改善。

我们对下一阶段的试验结果也很感兴趣,其中经过深耕的土壤上有一半施用了矿渣,接着就开始观察动物的反应。如果这些动物在草地上的取食是均匀一致的,则矿渣施用应没有影响;如果这些动物倾向在施矿渣的草地上取食,则这种措施就是必须的。

4. 草地耕作。威尔斯(Welsh)植物育种站提出的一个建议是进行部分或全部的草地耕作。部分耕作可以通过表层耕耙来实现,而全部耕作则通过耕翻来实现。两种情形下都可以改善土壤通气状况,以促进腐殖质的生产。一般来讲,实际效果与耕作强度成正比,耕翻后再播种的效果要远好于简单耕耙。这里我们要仔细区分方法和结果,耕作是方法,而腐殖质生产才是结果。

很明显,无论在生长或耕翻的新草地还是退化的老草地上腐殖质生产的不同方法,都可从热带牧草和豆科植物的管理中看得到。乔治(George Stapledon)先生对英国的建议就得到了东方农业长期经验的支持,也不可能有更好的建议了。**世界上草地的问题只有一个,也很简单,即土壤一定要回到活的生命状态里,微生物和蚯蚓一定要有新鲜的腐殖质和空气,土壤条件改善后就要提供牧草和豆科作物品种。**在这点上,英国的农民会生产出我们大部分绿色的"地毯"来,我们的草地也会像森林里大自然做得那样"完美"!

草地管理中涉及的改进次序很重要。首先是土壤肥力的提高,这样牧草和豆科作物可得到充分生长;接下来就应选择适合新的土壤条件的作物品种。在研究品种时若没有结合土壤或开发的高产牧草及豆科作物品种不适应土壤,则存在风险。这时农户将面对一个耗竭其土壤的品种,新品种寿命也不会长,到头来将自食其果,农场最后的情形还不如开始阶段。反过来,若一开始土壤就得到了改善,整个农业系统也有利于土壤肥力的保持,这时可给植物育种者提供一块合适的土地开展工作,则其工作将具有长期价值。

那我们如何检验草地的肥力呢?豪色尔先生给出了答案:即可以通

过施用人工肥料来检验草地的肥力。如果土壤肥沃，则施用后会没有效果，因为该土壤没有任何缺乏氮、磷、钾这样的限制因子。豪色尔先生在写给马尔伯勒的信中总结了他的这些经验如下：

> 在我改进的草地上，我开展了多次人工肥料的试验，包括全部施用人工肥料的情形，均反映没有效果。1924 年在我开始大规模室外养殖奶牛时，我建立了 150 个地块，许多地点我把我的名字和人工肥料写在一起。

该试验仍在继续，并对土壤肥力进行了跟踪检验。可以看出，西欧草地中相当部分是缺乏肥力的，因此需要大量腐殖质以恢复肥力。这些缺乏肥力的草地在施用人工肥料时大部分是有效果的。

在英国这样一个国家开展草地恢复的结果可以总结如下：这些草地可以承载更多的牲畜，夏季多余的牧草可以风干后用于冬季，草场里储存的肥力可以在任何时候通过小麦或其他谷物得以变现，即使在战争期间也会有可贵的食品储备。如同豪色尔先生反映的情形，当这些牧场转变为麦田时，也不会受到任何害虫的危害！

参考文献

Greenwell，Sir Bernard. Soil Fertility：The Farm's Capital. Journal of the Farmers' Club，1939：1.

Hosier A J. Open-air Dairying. Journal of the Farmers' Club，1927：103.

Howard A. Crop Production in India：A Critical Survey of its Problems. Oxford University Press，1924.

Stapledon R G. The Land，Now and To-morrow. London，1935.

第八章　印多尔工艺的发展：城镇垃圾利用

城镇和村庄的大部分人口是需要通过土地来维持的，除了海产品之外农业为人们提供了所有食物，也为工厂及城市提供了各种来自动植物的产品。这样一来，农场产生的相当部分废弃物就会离开农田进入城镇，而人口在一小部分区域的聚集就会把农业废弃物的相当部分从土地上分离出来。这些废弃物可分为如下两类：①城镇废弃物，主要包括生活垃圾，市场、街道和商贸垃圾以及少部分动物粪便；②人粪尿。

实际上，在所有国家这两类废弃物处理的原则就是：尽快直接丢弃，且尽量便宜。英国大部分城镇垃圾要么实行卫生填埋，要么投入焚烧炉进行焚烧，没有垃圾是回到土地的。在众多西欧国家，人粪尿先添加大量水进行稀释，然后就排到河流或海洋了。除了一小部分污泥，人粪尿基本全部脱离农业了。

从农业的观点来看，城镇已成为一个"寄生虫"，只有当地球肥力及现存农业系统可维持的前提下，城镇才得以维持，否则我们的整个文明体系就将崩溃。

在考虑改变目前这一不甚理想的状态以及考虑把城镇垃圾返回到

土壤时，必须从外部来认识问题的重要性，以及克服这些问题的难度。实际这些困难分两种：一是主观的困难，二是客观的困难；目前的下水处理系统已经发展了近百年，许多问题的解决均来自于对美好城镇的认识，大地母亲在市镇委员会几乎没有代表提出自己的主张，废物处理经常被当作一宗生意，与国家的福利关切毫无关系。城镇废物主题通常会细碎化为：医疗、工程、行政、财务等，以致失去了方向。这种细碎化的做法必然会导致整个文明体系的垮塌。

我们目前还有改革补救的办法吗？大地母亲还能恢复其部分培肥权利吗？只要走出第一步，在几年内就可完成很多工作。事实上把城镇垃圾返回土地的做法并不难，我们完全可以开展一项污水污泥回归土地的示范工作，其影响一定是惊人的。目前人们都没这样做，但有些灾难如全球性食物短缺导致的饥荒或为应对敌方飞机轰炸让城市人口向农村的疏散，只有在这一问题（指废物利用）得到考虑的前提下才可得到解决。

城镇垃圾的有效处理实际很简单，人们可以在目前已经开展的一些场所看得到。且不说早期的城镇垃圾试验，那些生活垃圾并未经任何处理即直接利用，其结果已总结成文（见农业渔业部专辑 36：肥料和施肥，1937 年）；近期人们把生活垃圾过筛、粉碎后再土地利用的结果也清楚表明了其在农业中的实际效果。垃圾的价值不仅是它的化学组分，更重要的是它已成为农村粪肥堆肥很好的稀释物料，这在许多国家是一个很重要的缺陷。

通常在农场上对粪肥进行发酵时其生物学条件是不平衡的，化学上也是不稳定的。生物不平衡反映在微生物合成腐殖质时有太多的粪尿和太少的纤维素与木质素，起始通气也不够；化学不稳定则反映在不能保持住养分，有用的氮素会以氨气形式跑掉或变成游离态，微生物也不能在尿液损失前尽快把其利用掉，游离态氮释放时又会促进蛋白质作为氧气来源被利用。粪肥堆肥时细菌和真菌在不适宜的条件下工作，只有在提供平衡的物料配比条件下，它们才能发挥作用；通过添加约3倍体积的粉碎垃圾就可稀释粪肥并得到微生物所需的条件，这时微生物就能获得所需的纤维素和木质素，粪堆也自然改善了其通气条件，粪肥的体积至少扩大了3倍，其肥效也得到了提高。

这种对粪肥堆肥进行的革新很容易操作，这里给出两个例子。在位于苏塞克斯（Susses）宝迪姆（Bodiam）的阿瑟·吉尼斯公司（Messrs. Arthur Guinness, Son & Co., Ltd.）啤酒花庄园里，每天要从索思沃克（Southwark）运送30吨的粉碎垃圾，并常年生产腐殖质。这些垃圾通过铁道运送到宝迪姆，然后再用卡车送到庄园，就地与庄园的所有废弃物，如啤酒花残渣、篱笆及路旁剪枝、秸秆、农场粪肥以及其他所有当地收集到的动植物废弃物进行堆肥。庄园年产腐殖质可达1万吨，成本也很低。庄园经理海恩斯（Haynes）先生已总结出采用堆肥和化肥下有关氮、磷、钾养分的成本比较数据。腐熟好的腐殖质其养分含量是：氮0.96%，磷2.45%，钾0.62%，每亩使用2.6吨腐殖质下其生产及使用成本约为每英亩8英镑；而采用相同数量氮、磷、钾养分情形下，购买、运输和施用硫酸铵、矿渣和钾肥的成本是每英亩9.12英镑。因此使用腐殖质可以明显节省成本，而且其作用还远不止此，如施用腐殖质后土壤质地得到了快速改善，土壤肥力得到了提高，化肥和农药的使用则趋于减少。

该啤酒花庄园的培肥方法已得到证实并已成为一种流行趋势。实际上在正式启动该发酵生产规模前，他们就对来自索思沃克的粉碎垃圾进行了小面积试验，他们在使用粪肥时还人为辅助施用了一些市场上销售的有机肥和化学肥料，宝迪姆当地的雇工们也比较熟悉每种肥料品种的使用方法。他们很荣幸能给自己的庄园提供自己生产的肥料，之所以选择城镇粉碎垃圾是因为他们认为可生产出最好的蔬菜来。

第二个大型示范点位于萨里郡（Surrey）的马登公园（Marden Park），人们利用粉碎垃圾结合动物粪便生产出了上千吨的腐殖质。在1939年1月30日给农民俱乐部的报告里，博纳德格林威尔先生（Bernard Greenwell)介绍如下:“我只有两年的经验,但从结果来看我们可以在粪肥基础上扩大3倍,而且作物产出可以跟光使用粪肥的一样好”。1938年我看到了一些结果,园区的许多地块被分成两部分,一部分施用了腐殖质,另一部分施用了相同数量的粪肥。玉米抽穗时我检查了一些地块,发现施用腐殖质地块上的所有作物,包括小麦、豆类、燕麦、三叶草等都比施用农家粪肥的要长得好。这说明这块土壤需要的是新鲜的腐殖质,事实上施肥是为了滋养复杂的生物系统,而非照顾工厂里一条传送带的需求。

一旦索思沃克正确使用垃圾的示范建立起来,人们就会争相利用垃圾,垃圾的需求就会增加,现在需求量已超过供应量,具体数据见表7。

表7　索思沃克垃圾销售情况

年份	垃圾量*	销售量	销售额
	吨	吨	L. S. D**
1933—1934	18 643	7 971	653/9s/9d
1934—1935	18 620	6 341	482/2s/7d
1935—1936	19 153	9 878	1 001/11s/1d
1936—1937	18 356	12 760	1 845/6s/8d
1937—1938	18 545	15 391	2 306/13s/7d
1938—1939	17 966	17 052	2 715/14s/8d

* 有一部分垃圾被自用于堆放场封顶,所以不能把所有粉碎垃圾都卖给农民。

** 指1971年前英镑,L指英镑(Pownd),S指先令(Shilling),D指便士(Penng);1英镑=20先令,1先令=12便士(译者注)。

当我们发现英国每年的垃圾产生量约为1 300万吨,且约1/2均可用来生产堆肥时,很明显其中会蕴含着巨大的可能性,它可以提高大城市方圆80千米范围土地上的肥力水平。翻阅一下1938年3月31日由卫生部发行的公共卫生收益报表,有相当部分的垃圾仍被送入焚烧炉。**然而,当这类物料的农业价值一旦被农民和园林种植者所认识,焚烧将会很快被放弃,所有城镇垃圾中的有机质也就找到了进入堆肥的出路。**这一天来临的时候,大量被随意倾倒和堆积如山的垃圾就可利用起来,上百万吨的垃圾就可沿索思沃克一线进行处理利用,英国农村的众多粪堆也可得到革新，相当区域的土壤肥力将得到恢复。这时农村地区的培肥权利就可得到很好的开展，城镇也就开始了对土壤的还债过程。

除了这些垃圾箱和垃圾场的生活垃圾，我们的城镇还有一类更重要的未利用的腐殖质资源，就是现在仍堆放大量生活垃圾的填埋场。人们一般在靠近城市的合适地点有控制地倾倒城镇垃圾，垃圾场上部会覆盖一层黏土或灰来防止臭味和苍蝇。这些覆盖物可提供足够的通风，因此就可完成堆肥的第一阶段并把大部分有机物转变成了腐殖质，结果是经过 1～2 年，填埋场就变成一座腐殖质矿，垃圾中的原始有机质经过细菌和真菌的作用继续缓慢转变成为腐殖质。人们需要做的就是把细碎的腐殖质与未分解的物料分离开，再施到田里。

近期在曼彻斯特(Manchester)开展的一项相关研究很有价值，其结果发表在该市出版的《卫生填埋的科学问题》一书中。该项研究的主要目的是建立卫生填埋的相关数据，以便在科学知识基础上对填埋与焚烧工艺进行比较，从农业角度来看这是非常宝贵的。试验开始于 1932 年 8 月，地点是位于韦森沙(Wythenshawe)的一个填埋场，地表略倾斜，属沼泽地，并受到临近梅西(Mersey)河的周期性洪涝影响。建设填埋场的另一个目的就是想改良这块土地，并在未来用于旅游或其他用途。共选择了 6 块小区进行试验，每块大小约 4.8 米长、3.5 米宽，填埋物料为通常的生活垃圾，垃圾深度约 1.8 米。首要目标是确定堆体内部细菌作用对有机质的影响，如温度、生物及化学变化，以及物料内部的气体变化。有了这些初步结果，就可以针对性地回答卫生填埋场是否安全这一主要问题。

研究人员对密封层给予了特别关注，各试验小区的表面采用至少 15 厘米厚的细垃圾(家庭垃圾过 1 厘米筛获得)和灰覆盖，该覆盖层约含 2.5%的有机质，已被证明是合适的覆盖物并可防止苍蝇产生。试验小区的四周则用黏土覆盖并夯实，这些小区就像大的花圃一样，下面与湿润的土壤直接接触，上面则通过一层可渗透的覆盖层与外部空气隔离开来。

试验中采用的未分选的垃圾代表性较好,约含42%的有机质和58%的无机成分。这些垃圾经填埋和密封后,无论任何季节内部温度都会有一个上升过程,1周后可达到最高的70℃,主要是由于好氧细菌中的产热和耐热菌分解纤维素、释放热量并产生大量二氧化碳所致;与此同时,这些微生物会快速繁殖并利用复杂垃圾合成大量蛋白质。大约15周后,微生物活动趋于停止,这些死掉的微生物就会成为腐殖质的宝贵成分,这时堆体温度就又回到常温状态。由此看来卫生填埋与印多尔堆肥十分相似。

可以预见的是,填埋体中物料具有异质性和非均匀分布的特点,这时不同堆体内部达到的最高温度差别就很大。在发酵过程中,一开始好氧细菌群落会利用并减少氧气的含量,进一步给极端厌氧微生物提供了条件以把有机质转变为腐殖质。

仔细分析填埋体内的气体产生情况,发现除了氮气、二氧化碳和氧气以外,还会产生相当数量的甲烷(16%)、一氧化碳(2.3%)和氢气(2.5%),也能检测到少量的硫化氢。一氧化碳、甲烷和氢气是在腐殖质产生的第二阶段也即游离氧耗竭的情形下通过厌氧发酵自然产生的,这些气体类似于印度淹水稻田缺氧情况下有机质腐烂后产生的气体。除了少量硫化氢并未发现其他气体,这证明填埋体中的强烈还原过程并未产生盐碱成分,这点是令人欣慰的。

填埋场腐殖质的肥料价值可以通过分析和评估来确定,一般平均养分含量是氮0.8%、磷0.5%、钾0.3%,估计的价值是每吨10便士,通常还会乘以2～2.5倍;经验表明有机肥的市场价格要比化验结果给出的价格高2～2.5倍。目前的估价系统仅适用于化学肥料,如硫酸铵,并不适用于天然肥料,如腐殖质。

该报告的最后一部分讨论了填埋场中传染性病害的可能后果,作者最后总结道:"一个卫生填埋场因病原菌的可能存在导致的风险或许不应给予考虑或本身就不存在”。

试验小区中的1号不仅经过一个高温过程，而且降温还相当缓慢；很明显这是因有机质含量高和较好的通风导致的。该小区的试验结果表明，一个填埋场若目标是为了获得高质量的大量腐殖质，就一定可以实现这一目标。在开始阶段允许更多的空气进入堆体以提高氧气含量并不是一件困难的事，最简便和便宜的办法就是减少覆盖物的厚度，如减少到原来的1/3。当覆盖厚度降低后，早期阶段就会有大量外部的空气进入发酵物料中，腐殖质的形成就会改善，节省下的覆盖材料还可用于新的填埋场。这时的填埋场就成为一个高效的腐殖质生产厂。

一些国家尚未建立污水处理系统，这时把人粪尿转化成腐殖质也不难。1933年在中印度由杰克逊和瓦德(Messrs Jackson and Wad)应用印多尔工艺在靠近印多尔的三个地点[印多尔辖区、印多尔城区、马尔瓦(Malwa Bhil)公司]完成了第一个相关试验，然后其研究结果很快就被印度中部、拉杰普塔纳(Rajputana)州邦及其他一些地区所接受。有关该项工作的一些进展包括工作图表和数字于1938年被总结提交给朴次矛斯(Portsmouth)皇家卫生研究所的健康委员会，附件C就是该文章的复制品。翻阅这篇报道，发现人粪尿事实上是一种比动物废弃物更好的活化剂，所需要做的只是在前期提供充足的通风，并把人粪尿均匀铺洒在城镇垃圾上，形成一薄层，不成团或不分层。一旦成团或分层就会阻碍通气、产生臭味并吸引来苍蝇。因此气味和苍蝇是非常关键的控制要素。如果整个工作很合理，就不会有气味，也不会吸引苍蝇；因为堆肥过程从开始阶段起，氧化过程就一直强烈进行着，并一直在合成着腐殖质。只有当空气供应中断、产生腐败变化时，臭味和苍蝇才会产生。

无论如何，必须建立永久设施以把人粪尿转变成腐殖质。在不同情形下都很容易在适宜的坑里或沟里进行日常的堆肥，这时这些坑或沟就成为暂时的堆肥车间，不需要翻堆。一行行堆肥坑或沟很快就有用途，可以在上面种植饲料、谷物和蔬菜作物，同时种植后的土壤也得到了很好的培肥。

世界范围的一些卫生官员正尝试这种方法,用不了几年这些经验就会普及,新的项目也会启动。

英国目前唯一开放的人粪尿堆肥设施均建在农村或城郊区域,这些地方每户均有庭院。在该地区可把垃圾填埋场大量的有机质用于农村户外厕所,直接与人粪尿混合,并把生产出的腐殖质埋在庭院里,该做法成效显著,由普瑞(Poore)博士开展的相关工作在1894年出版的《农村卫生》第2版中有所描述。

自此以后,一些有庭院的城市和聚居区也开始了新的规划,这些地区有足够的土地用来把所有废弃物转变成腐殖质,在处理下水污泥和集镇垃圾时也简单采用了堆肥方法。在一篇发表于1924年2月9日的英国卫生刊物的文章中,皮特(Picton)博士指出普瑞(Poore)的办法可以很方便地应用到有庭院的城市中。

> 在村镇郊区选一块约25亩的土地,在上面建20个农居。假定该块地呈方形,有条道从一个边角进来,这个边角就占据了最有利的一个农居。虽牺牲一点空间,但可通过该农居铺设一条短路,停在这块地的中间位置。所有农居都要面向南面,并呈长方形,长的一边呈东西向(图3)。储藏室、大厅、盥洗室、楼梯和平台则设在房子的北边,室外厕所最好是独立的并有顶盖,顶盖下有四周通风的通道或短的走廊。
>
> 这些农居应建成菱形,四个角分别位于东、西、南、北,这样有一个农居位于最北端,沿东南和西南方向一边就可盖出5或6个农居,并呈梯形分布,如同一支菱形的队伍相互间不会挡住子弹的发射,这些农居相互间也不会遮挡住阳光。另外还有12个这样的农居呈一"V"字形分布,底端面向南,由此就完成了这个菱形布局。整块土地可以看作一个庭院,并有一个全职的园丁,只要及时提供帮助,他就可以完成所有耕作事宜。

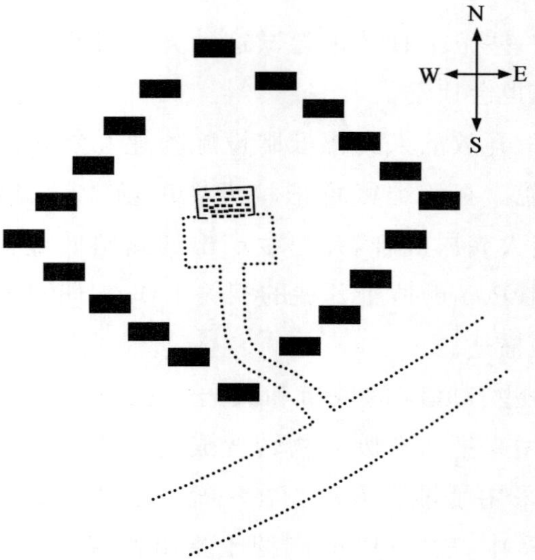

图3　20个小屋的布局模型

园丁每天要清理厕所，并承诺立即施到土壤表面简单覆盖起来，这也是他的部分职责。园丁施肥体现了其伟大价值，并非一个清理垃圾的拾荒者。每个农居都要支付一笔“庭院费”，这些投资的回报是送上门的新鲜蔬菜，以这样或那样的方式减少了花费，更别说给周围环境带来的舒适。这些农户也不用支付扔掉垃圾的“卫生费”了。

我们需要的就是这样一些案例，比如上面谈到的房屋建设计划及相关发表的材料。一旦这些计划获得成功，就会影响到城市郊区未来的所有建筑规划，并将给出一条明显减少租金和收费的路子来。庭院式的城市和下水污泥系统常常会相互矛盾，由于城市过于拥挤和缺乏耕种土地，由此发展起来了下水污泥处理系统；解决了人口拥挤问题，这种极度浪费的系统就会消失。在庭院式城市里，不需要采用那些昂贵的办法把垃圾扔掉，反过来土壤会做这些事情，并且更有效和更便宜。与此同时，庭院城市地区的肥力得到了提高，接着就会有大量的新鲜蔬菜和水果，这些正是健康的重要因素。

这一有关房屋计划的改革将会在城镇边缘地带得到推广,并且一定会在乡村地区得到扩散。目前乡村地区已有一些农居庭院案例,充分利用了居民废弃物,但还需要更多的案例,而且在人们认识到后一定会有更多的案例,其核心就是人粪尿的合理利用取决于堆肥过程和正确地使用腐殖质。在利用人粪尿时所有的麻烦、费用和问题均来自听从了错误的用水原理,并把其放在一列移动的充满腐败过程的巨型火车上。实际我们要遵循的原理是:起初提供有足够的通气,通过堆肥过程把废弃物转变成腐殖质,自然界每株树木、每个森林都是这么做的。

参考文献

Greenwell, Sir Bernard. Soil Fertility: the Farm's Capital. Journal of the Farmers Club, 1939:1.

Howard, Sir Albert. Preservation of Domestic Wastes for Use on the Land. Journal of the Institution of Sanitary Engineers, xliii, 1939: 173.

Experiments with Pulverized Refuse as a Humus-Forming Agent. Journal of the Institute of Public Cleansing, xxix, 1939: 504.

Jones B B, Owen, F. Some Notes on the Scientific Aspects of Controlled Tipping. City of Manchester, 1934.

Picton L J. The Economic Disposal of Excreta: Garden Sanitation. British Medical Journal, February 9th, 1924.

Poore G V. Essays on Rural Hygiene, London. 1894.

Public Cleansing Costing Returns for the year ended March 31st, 1938. H. M. Stationery Office, 1939.

第三部分

健康、疾病和农业

第九章　土壤通气性

从土壤肥力到农产品的转化依赖于诸多有氧过程。在各种土壤生物中，特别是细菌和真菌以及活性根系均需要氧气的不断供给。只有认识到这一点，通气性才成为土壤研究中的一个重要因素。在这方面，实践远早于理论，如下层土壤排水、深翻以及混作等许多促进土壤通气性的手段，事实上已采用了很长时间。

过去的25年里，研究人员才认识到土壤通气性的全部意义。其原因很有趣，就是绝大部分的农业试验站均位于气候湿润、降雨量分布均匀的地区。雨水是一种氧饱和的溶液，无论渗透性如何它都能有效地把氧气提供给土壤。因此，在这些湿润地区农作物不可能遭受像印度西北部干旱地区通气不良的情形，在那里土壤为淤泥质，大部分水分要靠灌溉来解决，而灌溉水中溶解氧含量通常又较低。这种土壤在受淹时很容易就会丧失通透性，其中微小的土壤颗粒会黏结在一起，形成一层不透水的表面结皮。

只有当腐殖质含量达到较高水平时，土壤才能维持其良好的通透性。在现代运河出现之前，印度的种植农户很早就遵循了这一原则。他们通过建立井灌体系把一个地区的有机质含量一直保持在较高的水平。相反，水利工程师和农业部门却迟迟没有利用这一经验，他们仅提供了运河，但没有同时采取措施来增加土壤腐殖质的含量。

土壤一直需要新鲜空气，凡是妨碍土壤通气性的任何条件，无论是局部的，还是暂时的，对农业来讲都需要高度重视。由于诸多因素的影响，往往会导致土壤中氧气浓度梯度的变化——从出现氧气的有限供给直至土壤氧气耗竭。前者会导致土壤失去肥力，后者则会致使土壤死亡。

当土壤通气条件成为限制因子时植物会如何作出反应呢？一般说来，植物根系会立即作出反应，这在森林树木及林下灌木丛中很容易看得到；根系在新的环境条件下会做出调整，树木也会在生长的过程中主动改善通气状况，并增加土壤肥力，不经意间所有其他竞争就消失了。因此，不能把土壤通气从土壤科学中孤立出来加以研究，应该一并考虑下列因素：①根系对缺少空气的反应；②一年里根系活动和土壤条件的关系；③不同物种根系之间的竞争。

这样，通气对农业以及保持土壤肥力的全部意义就显而易见了，这也是本章的主题。我们试图对土壤通气、环境条件以及植物间的联系作出解释，并介绍怎样对植物开展研究。

土壤通气与林草关系

1914—1924 年间，我在普萨研究了草与树木竞争时的影响因子，期间我们一直关注了如下三个主要问题：①为什么杂草会对果树造成很大的伤害？②树木清除杂草的天然武器是什么？③树木根系对土壤通气如何反应？该研究的一部分结果发表在 1925 年出版的伦敦皇家协会的论文集中(B 部分第 97 卷第 284～321 页)。结果表明，在影响土壤通气的因素当中，植物一直发挥了重要的作用，本章即介绍了其中主要的结论和一些原始记录。

图 4 是对普萨气候条件的总结。可以看到，6 月份西南季风间隔期一过，空气湿度很快上升，随之地下水位稳步上升，这样一直要持续到 10 月份才会下降。1992 年，下层土壤水位上升了 5 米，直接影响了氧气

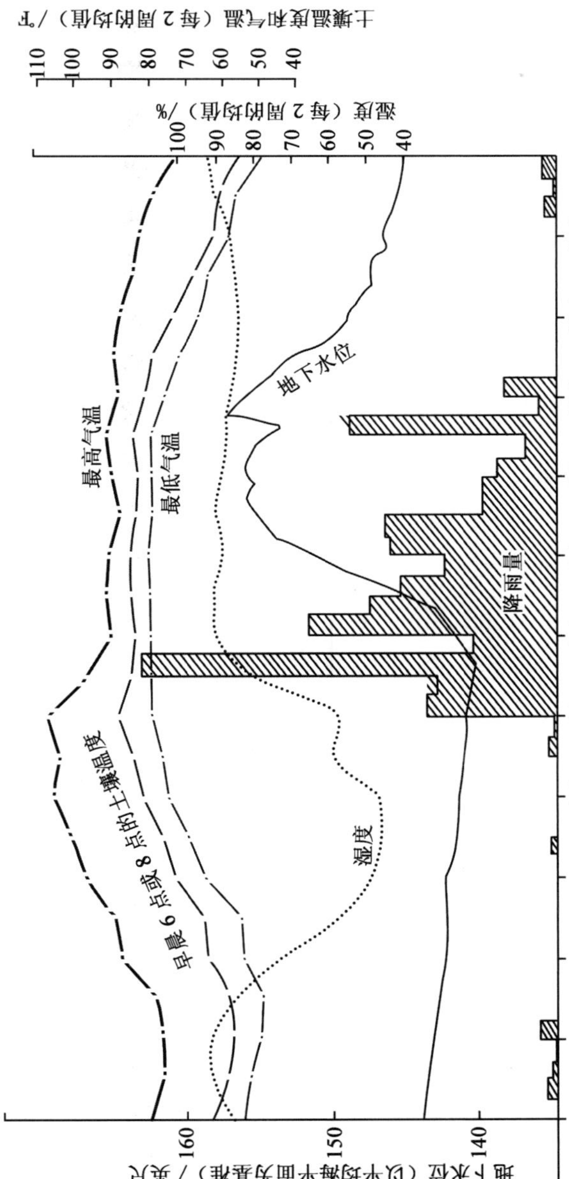

图4 降雨、温度、湿度和排水（普萨，**1922**）

的供给，因为这种上升的水位，会把土壤中富含二氧化碳的空气慢慢赶到大气中。

当地的土壤是具有高钙质的泥质壤土，包含75%的细砂和25%的黏粒，约98%的土壤能够通过80目（每平方英寸有80个网孔）的筛子。表层土与下层土之间没有明显的界限，下层土由含壤土、黏土和细沙的交替土层组成，直至深层地下水，地下水一般出现在地表以下6米的地方。碳酸钙的含量经常会超过30%，可利用的磷酸盐大约在0.001%，尽管磷含量较低，普萨所在的地区土壤表现肥沃，并保持了每平方千米超过3 100人的高人口密度，还在没有任何磷肥支持下出口了大量的种子、烟草、牲畜以及剩余的劳动力。该区域农业生产所反映的事实和农业科学的理论假设即土壤分析显示的显著缺磷应通过施用磷肥来解决是相矛盾的。实际上，还有另外两个因素影响了作物生产，就是雨季后期由于土壤胶体呈分散状态，导致腐殖质流失和土壤通透性恶化。这时土壤表层孔隙积水，导致土壤渗透作用停止，以致于土壤缺氧，这种情况会首先通过作物的根系行为表现出来，然后影响到作物生长。

为了研究土壤通气与林草的关系，我们在普萨18亩的均一土壤上种植了8种果树，包括3种落叶树和5种长绿树，每一树种均从单一母体培育而来。图5提供了一个较为详细的计划和具体的安排。树木栽种两年

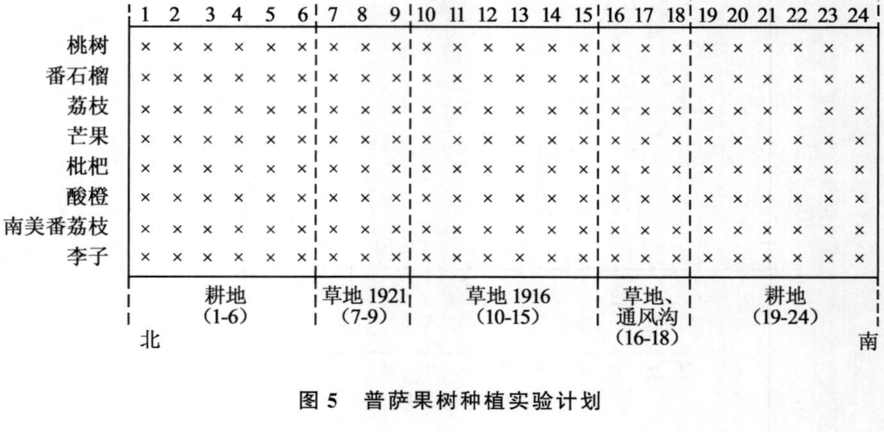

图5　普萨果树种植实验计划

后，每棵树都长势良好且均匀一致；这时把 8 行树中每一行的 9 株树地表任由杂草生长，而把靠两端的两区树下的杂草清伐后作为对照。当草完全长高时，其对幼树的危害就明显表现出来，这时给靠南的 3 列树提供通风沟，用碎砖块砌成宽 45 厘米，深 60 厘米的沟，正好位于两列树中间。为了确定杂草对果树的全部影响，从 1921 年我们在北对照区的南面又恢复了杂草。1923 年该试验的基本结果见图 6。在普萨杂草对果树的有害影响要比在英国沃本（Woburn）黏土上的表现更严重，在几年之内有几种树就完全死掉了。

我们在不同处理间（树-草、树-草-通风沟和树（清耕））发现根系发育差别很大，因此探讨草的危害原因的第一步似乎是要系统研究清耕处理下的根系系统，以确定一年里根系的活动区域，并把这些结果与果树地上部分的生长结合起来进行分析。该项工作于 1921 年进行，后来于 1922 年和 1923 年又进行了重复。方法很简单，就是把根系迅速暴露后，用细的喷水头冲洗使活动根系从土壤颗粒中分离出来。每次只采用一株新鲜的植株样品，若人工充足，可在几个小时内把深达 6 米植株根系系统的任意部分暴露出来以便于观测。

落叶树的根系系统

我们首先研究了 3 种落叶树（李子、桃和南美番荔枝）的根系系统，3 个树种得到的结果非常相似，这里仅以李子树为例具体说明。

当地品种的李子树一般在 11 月份落叶，2—3 月份大量开花，5 月份天气最热时果实成熟，新枝则在炎热和初雨季节长出。

我们首先看到的是，李子树的根系很发达，在上层 45 厘米的土层中可发现许多粗大自由生长的侧根，基本与地表平行。进一步观察就可发现第二类根系系统，从表层粗大根系的一侧长出许多细小的分支根系，从表层一直向下垂直生长约 4.8 米，直至深层一个位于水位之上的湿润

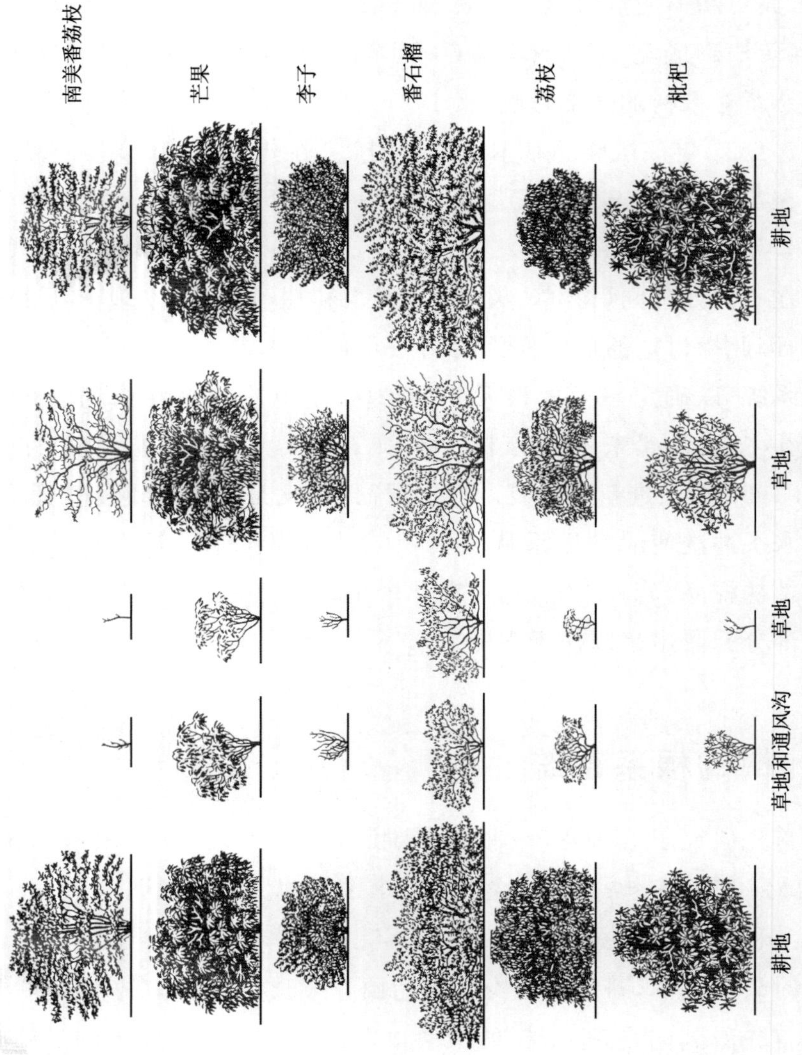

图 6　1923 年普萨果园中杂草的危害情况

细沙土层。这样印度李子树品种有两组根系系统(图 7 中的 1),深层根系一般在幼树种植后不久即开始长出。

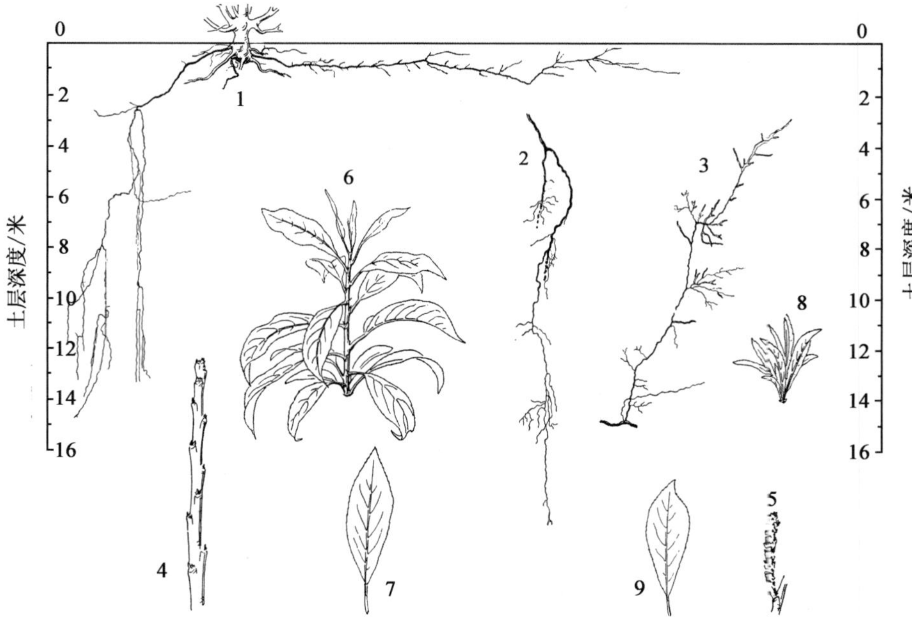

图 7　李子树基本形态特征

1. 表层根和深层根(1921 年 4 月 25 日);2. 深层根系的发育(1923 年 8 月 6 日);3. 正在向地表生长的浅支根(1922 年 8 月 12 日);4. 和 5. 有草生长下的幼树发育(1923 年 1 月 25 日);6. 和 7. 无草生长下的新枝和叶片(1923 年 4 月 5 日);8. 和 9. 有草生长下的新枝和叶(1923 年 4 月 5 日)。

1923 年 8 月我们对 1922 年 3 月种植的南美番荔枝、芒果、番石榴、柠檬、枇杷幼树根系进行了测量。南美番荔枝和柠檬的新侧根长度为 25.4 厘米、芒果为 30.48 厘米、番石榴为 36.6 厘米、枇杷为 50 厘米。幼树首先要形成表层根系,然后才发育出下层根系。

吸收根系在休眠期(12 月至翌年 1 月)偶尔也会形成于表层土壤。当花期到来的时候,新生的支根开始从表层向深层土壤伸展。在 3 月份的时候，随着地面变干，表层土壤的活性根系变得枯萎死亡，并进入休眠状态。从3月中旬到6月份的无雨期结束，根部的吸收作用只能在土壤深层进行。在1921年4月14日的调查结果显示出，在高温和干燥时期，果实成熟和植株生长所必需的水分、氮和矿物质要从土壤表层3.2～4.6米以下湿润的细沙土层吸取。这种状况一直要持续到6月份的雨季到来才能发生突然改变，此时湿润的表层土壤迅速使表层根系生长变得高度活跃起来；在第一场降雨后大约30个小时，这些一直处于休眠状态的根系才真正复苏，朝着不同的方向生长出新的根丝。因此在雨季早期，树木生长会利用整个的根系系统，既有表层根系，也有深层根系。7月后期当地下水位上升时情况会有所变化，到8月初活性根系实际仅限于0.6米的上层土壤，这时的吸收也仅限于表层根系。在这段时间，由于地下水的上升及土壤通气的恶化，活性根系会作出反应，它们会朝向空气生长，甚至长出土壤，特别是在树荫下以及土壤表层覆盖有一层枯叶的情形下表现更突出(图7中的3)。这种趋气性会一直持续到10月初，这时植物地上部生长基本停止，树木的木质部分长成，准备叶子脱落和天气变冷休眠。10月期间，当地下水位下降，空气进入土壤，这时土壤表层和深至0.9米的根系活性会有一些更新。

有趣的是，李子树根系的这种周期性活动规律也有一个例外。有时在炎热的季节会有暴雨，雨量接近25毫米。我们研究了经历3次这样的暴雨对李子树表层根系的影响。当雨量大于19毫米时，表层根系会立即作出反应，并产生大量新的吸收根。而当土壤变干时这些根系就会停止作用并出现死亡。在一种情形下，当雨量只有5.8毫米时，则未看到任何效果。在炎热季节灌溉起到的作用与暴雨的效果类似，这时植物会维持表层的根系活性，这也就解释了在冲积平原地区炎热季节若要获得高品质的水果就离不开灌溉。事实上在普萨，不采用人工灌溉也可使作物成熟，但是果实的大小与品质则要次于有灌溉的情形。无论何种根系都能生长出一株李子树，但只有表层根系发挥作用时才会有高品质的果实，相反当深根在起作用的时候，果实品质就会很差。

我们的试验进一步研究了李子和其他 7 个品种树木的表层活性根系，并且常常可以观察到新鲜的真菌菌丝体从土壤伸展到这些生长的根系上面，在更深的土壤层中则观察不到。这种果树根系的菌丝与菌根联系在一起的现象很常见，这里不再对此进行阐述。然而，在普萨进行的试验中 8 个品种的果树都能形成菌根，围绕在活性根系周围的真菌应该与菌根是相互关联的。根表面的菌根组织可能参与了高品质水果的形成，像这里看到的具有两组根系系统的植物更适于在未来研究土壤腐殖质、菌根结合体与果实品质之间的关系。另外开展底土（除去土壤表层的腐殖质）条件下的植物比较研究也很容易，即一种是在底土上施用人工土壤，一种是施用新鲜腐殖质。在第一种情形下菌根很少或不会侵入，在第二种情形下，菌根应该很明显。如果（应该很可能）菌根组织可通过真菌菌丝的消化促进树木吸收有机形态的养分，这或许就会解释为什么当表层根系起作用时会影响到果实的品质。

前面段落提出的植物营养观点也得到了南美番荔枝相关研究结果的支持，其根系发育与李子树、桃树基本相似。在炎热的气候里当水分、氮素和营养只能从深层土壤提供时，南美番荔枝的嫩枝才会开始形成。而在雨季开始后，地表根活性重新得到恢复，树叶就开始长大（从 5.8 厘米×2.6 厘米到 10.5 厘米×4.5 厘米），发育成一种深绿色、健康的叶片，并且节间延长（图 8）。南美番荔枝记录了这些不同因素影响下树叶颜色和大小的变化，从某种意义上讲这些植物本身就可成为自己的土壤分析师。

图 8　南美番荔枝在炎热天气下（低于 *aa*）和季风气候下（高于 *aa*）的叶片表现

当这本书要出版的时候，韦德（Wad）先生于 1939 年 11 月 11 日从印度中部（Central India）印多尔土可甘尼（Tukoganj）西拉拉尔（Hiralal）先生的果园采集到了南美番荔枝、芒果和酸橙的幼小活性根标本。后来莱文森（Levisohn）博士于 1939 年 12 月 19 日进行了检验，发现 3 种树木均表现出典型的内生真菌感染，通过目视可看到根毛缺乏，其数量明显减少，尤其对芒果表现更明显，根毛呈串珠状。3 种树的活性菌丝均具有较大直径、薄壁、含粒状物质的特点，消化部位位于菌丝群的内皮层中，剩下的菌丝呈均匀分布的颗粒团，能看出真菌能够加快植物对养分的吸收。番荔枝根部外围存在同样的菌丝体，并与根系息息相关。

常绿树的根系系统

这里介绍的 5 种常绿树包括芒果、番石榴、荔枝、酸橙和枇杷，其中最有趣的根系系统来自番石榴。

番石榴在 3 月初就开始掉叶子，同时又长出新叶。事实证明，它是用来研究植物根系系统最好的一种植物，淡红色的根生长强劲，很容易在灰色冲积土壤（如普萨的土壤）中分辨出来。它有一个丰富的表层根系统，并长出大量的分支，一直向下生长到永久水位线（图 9 中的 1）。在炎热天气的开始阶段，番石榴的整个根系系统（无论是表层还是深层根系）都是活跃的（时间为 1921 年 3 月 21 日）。根系活动的主要区域是在离地表 2.15～3.15 米湿润的细沙层。当炎热天气完全到来时，番石榴靠近地表的吸收根就会干枯，其根系活动仅限于较深层的土壤。在 1922 年 6 月 3 日当天季风气候开始，下雨 48 小时后即 6 月 5 日，表层根系就露在外面，在地表以下 0.43～3.6 米发现新根大量生长，最长可以延伸到 1 厘米。随着早期雨水使土壤变得湿润，此时那些根系停止生长的区域从上至下开始产生新根，直到整个根系处于活跃状态。7 月后当地下水位上升，情况在发生变化，随着水侵加剧，深层根开始进入休眠状态。到 1922

年8月25日，根系活动主要局限于土壤表层74厘米的区域，在1米以下活性基本丧失。在雨季后期，活性根系可以通过强烈的趋气性表现来避免窒息(图9中的4)。而到10月份随着底土水位的下降，以及下层土壤通气状况改善，根系会产生一些有趣的变化。底层根系在11月份会再次变得活跃起来，其活性大小取决于季风降雨量(图9中的5)。到1921年11月，由于这一年雨量较少，地下水位上升很少，深层根系一直到4.6米都有活性。第二年，即1922年11月当季风气候和地下水上升均正常的情形下，根系活动没有延伸到1.65米以下。

虽然番石榴在炎热的季节通过深层根系可以进行新的生长，但若借助灌溉使表层根系也维持其活性则更为重要。例如，1921年炎热的季节里通过地表灌溉，其树叶大小从9.1厘米×4.0厘米增加到了11.6厘米×5.0厘米，并且颜色也有了明显的改善。

芒果、荔枝、酸橙、枇杷的根系系统和活性根的生长与番石榴基本一致。这些树种都能从根表层长出垂直根系，只是荔枝和酸橙的根系不能穿到深层土壤。这4个树种在雨季后期都会表现出明显的向气性。

杂草的危害

杂草对果树的危害随果树品种及生育期有所不同。幼树比完全发育好的树更容易受到杂草等不利因素的影响，因为后者在其木质部分储藏了大量养分；落叶树种比常绿树种更易遭受影响。这些事实表明杂草的危害实际就是一种饥饿下的结果。

我们首先研究了杂草对幼树的影响。结果表明南美番荔枝是最敏感的，其在种草后两年内的1916年就死掉了，然后是枇杷(在1919年底之前全部死掉了)、李子、酸橙和桃子，荔枝和芒果仅能维持生存。番石榴受影响最小，有杂草下的其树体高度几乎是无草清耕种植下的一半。

杂草不仅减少了树木新的生长量，而且还影响到叶子、枝条、木质、

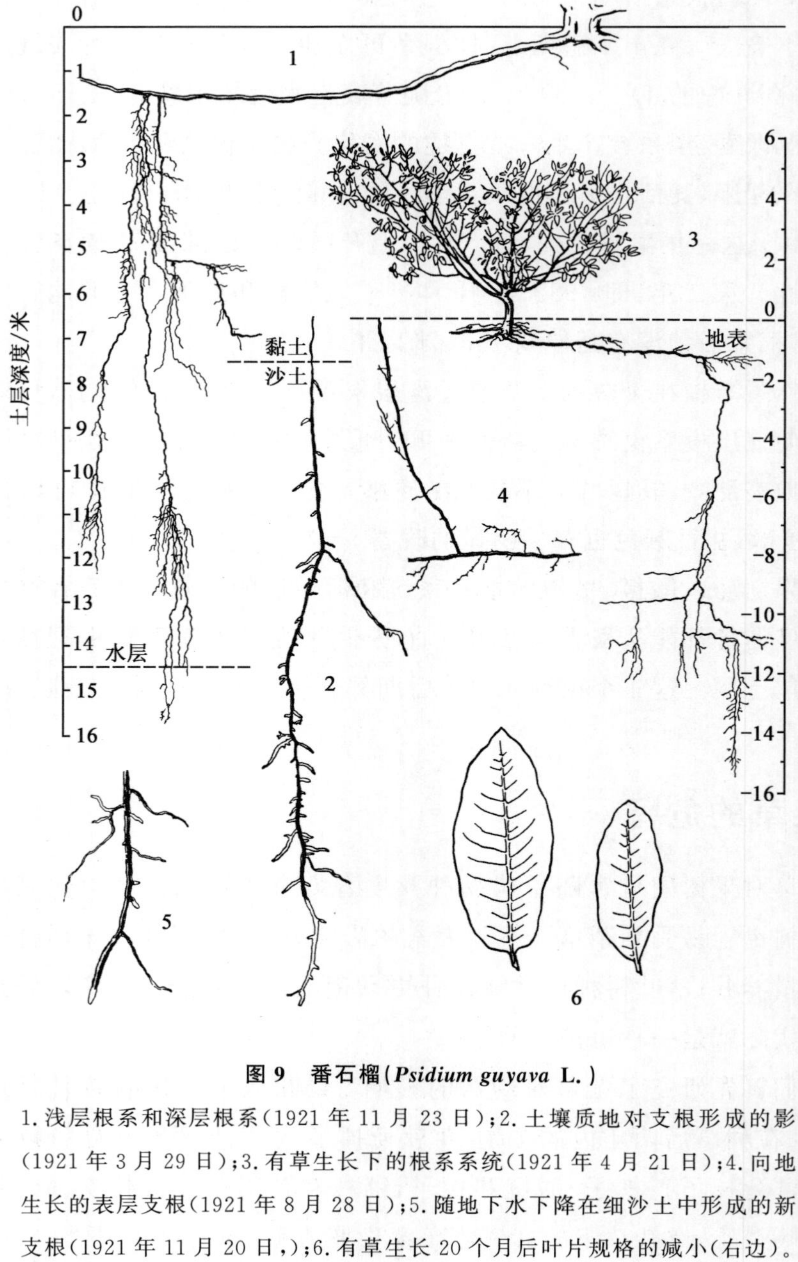

图 9　番石榴(*Psidium guyava* L.)

1.浅层根系和深层根系(1921 年 11 月 23 日);2.土壤质地对支根形成的影响(1921 年 3 月 29 日);3.有草生长下的根系系统(1921 年 4 月 21 日);4.向地表生长的表层支根(1921 年 8 月 28 日);5.随地下水下降在细沙土中形成的新的支根(1921 年 11 月 20 日,);6.有草生长 20 个月后叶片规格的减小(右边)。

果实以及根系的生长，这些结果与英国沃本调查人员描述的相符。与清耕种植下的树叶生长相比较，有草种植下的树叶生长较晚，叶片更小、更黄，且过早凋谢。与健康的树木相比，这种树枝杈的树皮呈浅色、暗淡，不健康。即使老树的树皮也差别很大，表现为更易产生地衣和藻类。另外有草的树开花较晚，花也稀少，果实更小，颜色较重，而且早熟。

杂草对根系的影响同样令人吃惊。除了番石榴外，杂草对表层根系的影响表现为限制了根系生长数量，迫使根系向下发展，并减少季风期活性根系的数量。而番石榴的地表根系则高度发达，根没有被迫向下生长，活性根在降雨开始后不久就在土壤表层 10 厘米形成，与单独种树的情形很相似。1922 年 8 月，当地下水位上升到最高点时，番石榴的吸收根在土壤表层可清楚看到，甚至高出土壤长在草丛中。这时杂草地毯对所有树种来说就成为一种窒息手段，但番石榴除外。

杂草覆盖对深层根系的生长和活性没有明显影响。1921 年的炎热季节我们研究了番石榴(图 9 中的 3)、芒果和荔枝在有草种植下的深层根系，结果与单独无草种植的很类似。

杂草不仅影响地表下的根系发育，而且影响到邻近树木根系的生长。这时根系要么避开杂草生长，如南美番荔枝，要么在杂草接近的时候向下层生长。

从上述研究可以得出如下结论：南美番荔枝、枇杷、桃和酸橙无法在杂草存在的情形下保持其正常的地表根系系统，而主要通过其深层根系系统发挥作用。只有番石榴可以在雨季时在有杂草生长的情形下长出新根。

关于杂草对成年树木不利影响的研究也获得了有趣的结果。由于成年树木的木质里储藏了丰富的营养，杂草对其的影响比养分储藏少的幼树要轻许多。但是在下面的两种情形下杂草对成年树木和幼年树木的敏感顺序很相似。1921 年 8 月，在成年树木下种植杂草后，起初杂草生长的较差，只在裸露的地表形成一簇，覆盖也不完全，但很快这些杂草就影响到了南美番荔枝、枇杷、桃子和荔枝，到1922年的雨季杂草就已生长旺盛，其对树木的影响更为明显。

有趣的变化发生在李子树上。1922年7月种植杂草后不到1年，嫩枝生长就受到抑制，叶子也受到害虫攻击，但邻近无草树木并未为害。如果害虫是真正的起因的话，那就很难解释为何没有传染到有草覆盖的树木以外的地方。到1923年1月，这些李子树新枝的平均长度是43厘米，而对照(无草)是1.1米；其枝杈颜色暗淡略带紫色，节间短小(图7中的5)。到1923年2月其开花受到限制，4月份时只在树枝的末端生长出叶簇，而不是新枝(图7中的8)。到1924年早些时候，当我离开普萨时很多树木已死亡，不得不中断了该项工作。

除了芒果以外所有其他树种都表现出类似结果。相比其他植物，芒果对杂草的抵抗力更强，直到1923年才发现芒果受到一定程度的影响，其叶子颜色明显比无草覆盖的树木更浅。所有这一系列的研究结果可得出一个结论，树木在杂草的作用下会因饥饿慢慢死掉。

在种植杂草1年之后，我们对这些树的根系进行了调查，发现杂草对树木的影响变得显著起来。1922年8月有草覆盖的李子、桃、南美番荔枝、芒果、荔枝和枇杷树与对照相比，在土壤表层发现生长出非常少的活性支根。对南美番荔枝和枇杷这两种受草害严重的树种来说，一个明显趋向是新生根在向下生长，并远离杂草。与对照相比，深层根系系统的休眠或活性没有明显差异。深层根系的生长与无草覆盖下几乎一样。

在这些研究中，我们观察到增加通气后会明显影响到根系生长的两个案例。1923年7月，在南侧我们发现掘穴鼠在一颗酸橙树和一棵枇杷树下栖居下来。不久之后正好在鼠洞上面的树叶颜色开始比周围明显变深，对鼠洞周围的土壤立即进行调查发现有大量的新生活性支根生长出来，比对照高出许多。这说明额外的通气即便在有草覆盖的情形下，对活性根系的生长也具有令人意想不到的刺激作用。叶子的变化就像施了氮肥一样。在李子树上也有相似结果(图10)。鼠洞令一棵濒死的树木获得了新生。

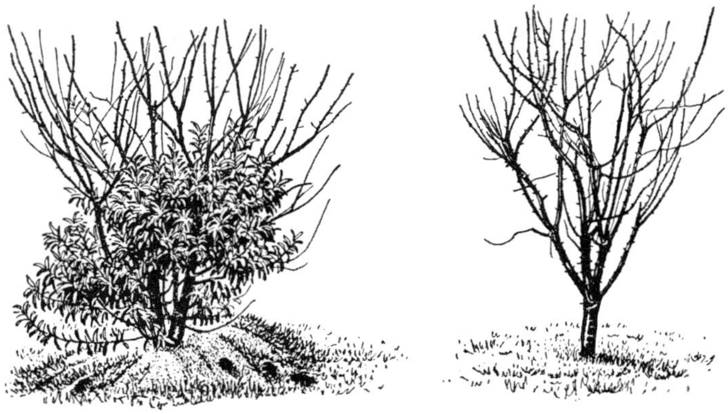

树下有掘穴鼠的李子树　　　　树下无掘穴鼠的李子树

图 10　有草覆盖下掘穴鼠对李子树生长的影响(1923 年 6 月 21 日)

通风沟对草丛中幼树的影响

通过了解通风沟的作用,发现草丛对树木的影响是与土壤缺氧有关的。通风沟对南美番荔枝和酸橙树是不起作用的,所有的树木都死了(图 6)。但通风沟延缓了李子的死亡,另外对枇杷树、荔枝树和芒果树的生长则有很大的促进作用,相反有通风沟的番石榴树与草丛中生长的则无明显的区别。表 8 给出了综合结果,并记录了 1921 年 3 月对上百片发育良好的树叶的测量结果。

1920 年末我们把深达 60 厘米的树木根系暴露出来以确定额外通气对地表根系生长的影响。结果很有趣,除了番石榴的根系没有差别外,在所有的树种中表层根系均比有草覆盖的生长得更大更好。树木的根向着通风沟生长,并在通风沟一侧的土壤中分叉明显。通风沟一般只在雨季使用,在一场雨的间隔之后,总是在通风沟中或者通风沟附近先发现新的活跃的根系,在这之后在草丛下根系才有一定的生长。

表 8　有草丛下树木叶片的减小　　厘米

树种	草丛	有通风沟的草丛	清耕地
李子树	3.2×1.1	4.6×1.7	7.1×2.9
桃树	7.1×1.8	8.4×2.3	11.4×3.1
番石榴树	8.1×3.2	10.6×4.4	11.3×4.4
芒果树	11.2×2.9	13.7×3.8	20.9×5.5
荔枝树	8.9×2.4	11.5×3.4	12.2×3.5
酸橙树	3.8×1.6	5.2×2.1	6.4×3.4
枇杷树	树木死亡	16.4×4.6	22.1×5.9

有通风沟的树木其深层根系生长情况和对照完全一致。

获得的结果

图 6 给出了从清耕种植、有草覆盖和有草结合通风沟得到的研究结果，图中按刻度比例描绘了从不同地块选出的具有代表性的树木及根系发育情况，也是对上述实验主要结果的表述：①草丛对幼树的危害严重；②同样处理下成熟树木危害较轻；③建立通风沟对这些危害有部分减缓作用；④番石榴是一个例外，其在草丛中可以生长，但生长不太旺盛，通风沟对其生长几乎没有作用。

如同预期的情形，即使临时去除了草丛覆盖也会对树木生长有很大的影响。只要把草丛中生长树木的根系暴露出来（为此需要把草移开几天），其生长状况就会立即好转，同时叶片也会长得更大、颜色更深。对洞穴上面生长长达两年的植物叶片来说，这种作用非常明显，但是洞穴以外的树木并没有受到影响。

草丛危害的原因

对上述8种植物根系系统的研究表明:要找出草丛危害作用的原因,第一步应对土壤气体做定期的检测。1919年我们对有草覆盖、有草覆盖结合通风沟以及无草种植三种处理地表以下2.7~3.7米深处土壤空气中的CO_2含量进行了测定。每次测定时要把大约10升的空气从土壤中抽取出来并和标准氢氧化钡反应,之后用普通方法滴定。表9和图11给出了1919年的测定结果。

表9 有草覆盖和无草种植下土壤气体中CO_2的体积分数(普萨,1919) %

土壤气体取样和分析日期	地块1(有草覆盖)	地块2(有草覆盖结合部分通风沟)	地块3(地表清耕)	自1919年1月1日起降雨量/毫米
1月13日,14日和17日	0.444	0.312	0.269	无
2月20日和21日	0.472	0.320	0.253	33.02
3月21日和22日	0.427	0.223	0.197	33.78
4月23日和24日	0.454	0.262	0.203	68.33
5月16日和17日	0.271	0.257	0.133	82.80
6月17日和18日	0.341	0.274	0.249	115.06
7月17日和18日	1.540	1.090	0.304	371.09
8月25日和26日	1.590	0.836	0.401	591.57
9月19日和20日	1.908	0.931	0.450	779.02
10月21日和22日	1.297	0.602	0.365	835.66
11月14日和15日	0.853	0.456	0.261	835.66
12月22日23日	0.398	0.327	0.219	836.17

注:测量工作由普萨化学组的贾廷卓(Jatindra)先生完成。

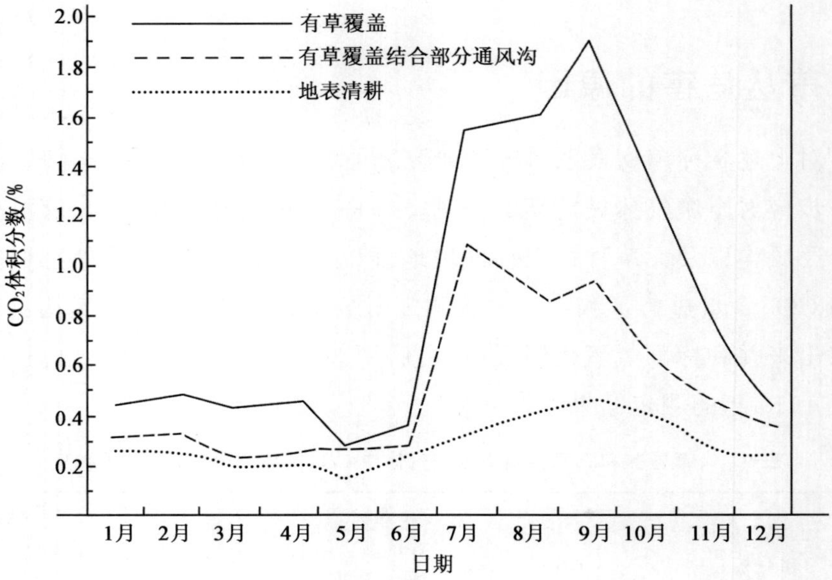

图 11　土壤空气中的二氧化碳含量(普萨，1919)

表 9 中显示在雨季有草覆盖下土壤孔隙中 CO_2 含量比无草种植土壤中的 CO_2 含量明显增加。由于这些气体比氧气更易溶于水，实际上根毛活动吸附的薄膜水中 CO_2 的溶解量比表中数据要高出很多。1920 年和 1921 年的结果从各个方面支持了这些数据。

雨季土壤空气中大量 CO_2 的产生还会影响到土壤腐殖质的产生、土壤的硝化作用和菌根关系，这些过程都取决于土壤通气是否充分。有关化合态氮素供应的研究已有了很大进步，除了雨季间隔期，在一年中的所有时期，有草覆盖下土壤上层(46 厘米)含氮量只有无草覆盖土壤含氮量的 10%～20%。对番石榴来说，在 1923 年的雨季当氮素缺乏通过硫酸铵补充之后，草丛中的树木很快开始长出果实和树叶，并且树叶的大小和对照几乎没有差别。

对于荔枝树和枇杷树，在雨季它们的根不能通过草丛到达地表以达到改善通气的目的，大量化合态氮素的使用改善了生长状况，但仍存在一个明显的有害作用——施过肥的树木在树叶的颜色和大小、开花时间、嫩芽的生长等方面介于有草覆盖未施肥的树木和无草覆盖的树木之间。这些结果和康奈尔大学在苹果树上的试验结果类似。在两个地点，杂草导致土壤中氮素的消失从而限制了根的生长，这种影响可部分通过施用硝酸钠来解决。然而对于番石榴树，由于它们的根可以获得其所需的氧气，使用化合态氮素就可消除上述抑制作用。因此在有草覆盖下，番石榴树只受到其中之一因素即氮素缺乏的影响，而荔枝树和枇杷树则还受到另一因素即氧气缺乏的影响。

森林树木和草

尽管草皮对所有研究树种（除番石榴以外）的根系均会产生缺氧影响，但一些普通的印度森林树种却可以在草丛中存活良好。在 1921—1923 年间我们研究了草皮和下列 15 种森林树种根系之间的关系（表 10），结果表明，所有树种的根系在草丛中都生长相当茁壮并且没有出现对果树那样的有害影响。

印度平原地区的大部分森林树种在炎热的季节开花并长出新叶，继而长出幼枝。在早期下过雨之后，树叶的大小、颜色和外观会有很明显的变化，树叶变得更暗、更有光泽，和南美番荔枝幼枝的生长是一致的。

1922 年和 1923 年雨季对上述 15 个树种地表根系的检测结果惊人的一致。所有的树种均在土表 5～8 厘米深度和地面生长出丰富的、发育正常的活性支根，这样它们就可以成功地和杂草竞争氧气和氮素；较大的表层根系生长也良好，可以跟无草覆盖下果树的根系相媲美。显然草皮对近地面的树木根系系统没有造成有害的影响。

表 10　普萨地区植物园草丛中的森林树种

物　　种	开花时间	落叶时间
长叶暗罗树 *Polyalthia longifolia* Benth. & Hook，f.	2—4 月	4 月
印楝 *Melia azadirachta* L.	3—5 月	3 月
孟加拉榕 *Ficus bengalensis* L.	4—5 月	3 月
榕属菩提树 *Ficus religiosa* L.	4—5 月	12 月
榕属栎树 *Ficus infectoria* Roxb.	2—5 月	12 月至翌年 1 月
滨藜属 *Millingtonia hortensis* Linn.，f.	11—12 月	3 月
紫铆属 *Butea frondosa* Roxb.	3 月	2 月
余甘子 *Phyllanthus emblica* L.	3—5 月	2 月
罗望子属 *Tamarindus indica* L.	4—6 月	3—4 月
Tectonia grandis Linn.，f.	7—8 月	2—3 月
桐棉 *Thespesia populnea* Corr.	全年但主要在寒冷季节	4 月
斑鸠菊 *Pterospermum acerifolium* Willd.	3—6 月	1—2 月
毛白杨香椿 *Wrightia tomentosa* Roem. & Schult.	4—5 月	1—2 月
紫薇金银花 *Lagerstroemia Flos-Regina* Retz	5 月	12 月至翌年 1 月
印度黄檀 *Dalbergia sissoo* Roxb.	3 月	12 月至翌年 1 月

在 1921 年夏季和 1924 年前几个月之间，对上述 15 个物种的根系做了全面的调查。所有树种大的表面根产生出很细的分支，这些分支垂直向下生长至寒冷季节的地下水位处。实际上，在炎热季节根的活性被限制在地表以下 25～50 厘米的深层湿润砂土层，根系总是能充分地利用白蚁和其他穴居昆虫的洞穴很容易地穿过黏土层从一个砂土层区进入到下面的另一个砂土层区。土壤中的空穴总是被用来促进根系生长。雨后不久处于睡眠状态的表面根系很快恢复活力，随着地下水上涨，深层根系开始休眠；在 8 月份表层活性根系总是表现出明显的趋气性。在冷季作物播种时硝酸盐的形成总伴随着表面土壤中新生根系活力的暴发，接着是新枝和新叶的生长。秋季当地下水位下降后，土壤开始了对氧气

的吸收，就像番石榴树表现的那样，伴随地下水位的下降活性根系也在形成。

森林树种根系的分布和根活性的周期性特征解释了为什么这些树种在草丛中能生长良好并且在允许竞争的情况下能够战胜杂草。森林树种将草本植物驱逐出其栖息地的主要武器如下所述：

(1)深层根系在杂草休眠的干旱季节仍可生长，从而帮助树木利用土壤中至少深达 6 米处的水分和营养，这样就大大地拓展了树木的同化周期。

(2)在获得光能方面，树木占有很大优势。

(3)表层活性根系对通气不良的土壤具有忍耐性并且能够到达地表成功地和草本植物竞争氧气和矿质元素。

森林树种和果树不同的特征是前者的表面根系可以克服土壤通气不良带来的影响，这些表面根系能穿过草皮活跃的生长，并到达空气中获得氧气，同时利用表层土壤中的硝酸盐。而大多数果树的表层根系对二氧化碳非常敏感，要通过向下生长来避开它。这样这些果树在雨季就缺乏氧气和化合态氮素，从而生长缓慢。番石榴是果树中一个特例，它的活性根在雨季可到达土壤表面并且可以保持在那里。这就可以解释为什么西印度格林纳达(Grenada)和圣文森特(St. Vincent)牧场很快被野生的番石榴侵占和破坏。大不列颠(Great Britain)的灌木丛和牧场若放任不管也会有相似的情形。灌木很快会侵入农田，幼树开始生长，草地向森林转变。但是这种转变在大不列颠比在热带地区要慢得多。

这些对热带森林树种根系发育的研究使人们认识到了土壤通气和植物本身的作用。地下水的运动直接影响着土壤通气状况，在雨季的开始期和末期，表层土壤含有充足的空气和水分并且温度适合进行硝化作用，与此同时硝酸盐积聚和植物生长处于最佳状态，但当土壤通气状况在雨季受到地下水上涨和表土胶体形成干扰时，植物根系会向地表生长。这样，在一个贯穿全年的研究中根系生长发育就成为一个重要的指标。

树木的根系发育影响着印度平原以及其他许多地区土壤肥力的保持，死的根系为深层土壤提供了有机质以及良好的排水和通气条件。聚集在土壤表层的活性根系则可为绿叶提供磷钾等养分，这些叶片又会转化成腐殖质培肥表层土壤。由此可解释北比哈尔（North Bihar）地区在全磷和有效磷都很低的情形下，即使不施用任何人工肥料，其土壤仍表现出极度肥沃和高产。土壤分析数据一定要涵盖表层和深层土壤，既要考虑 25 厘米的表层土壤，也要考虑 6 米的深层土壤。

树木可以最有效地利用土壤中的矿质元素。它可以生长在任何地点，可以战胜大部分其他植被，而且它会给土壤留下一个高度肥沃的环境条件。因此在像大不列颠这样的一些国家，矮树丛、公园、森林中的树木和灌木都必须用来维持土壤肥力，在撒克逊人（Saxon）的时代我们大部分最好的土地都是用来发展树木的，土壤储存的这些肥力有助于森林的发育和林木产出。将来农业自己发展起来而不再仅仅被认为是工业的时候，就会需要这样长期的循环模式；在这种循环模式中，森林和公园变成耕地，废弃的耕地又可以变回森林或者林草复合系统，这时树木的根系系统就可以用来恢复土壤肥力。

下层土壤通气

改善通气状况的一种最普遍的方法是土壤深翻。这种方法依据影响通气的因素以及用来改善空气供应的措施而时常变化。

在温带地区，阻碍底层土壤和大气连通的主要因素是土壤腐殖质的缺乏，耕作时土壤颗粒胶结形成的不透水硬磐和动物长期踩踏形成的永久性的草皮层使土壤腐殖质缺乏更加严重。所有情况会导致同样的结果即到达底层土壤的空气减少。

在壤土中如果有机质含量和蚯蚓数量减少则犁底层会很快形成，这时在保水的犁底层以下就会形成界限清晰的黏化层，该黏化层可拦阻水分，使下层土壤局部缺氧和上层土壤渍水。

和在淤泥中一样，砂质土中土壤颗粒聚集在一起，尤其是当人们采用化肥代替农家肥或者短期的草地未被合理利用时均易导致硬土层的形成。我在大不列颠见过最有趣的硬土层形成的一个例子是在沃本实验站的永久施肥区，在那里人们尝试每年通过人工施肥的方式在绿砂土上种植谷类作物，结果作物全部死掉了，土壤也不能再被利用。定期使用化学品会破坏蚯蚓种群，从而会剥夺土壤的自然通气性。有机质不能通过合适的循环途径更新也会导致土壤耕性恶化。土壤表层以下约23厘米处形成了一个犁底层（由松散黏结的砂粒组成），这一犁底层彻底改变了底土层的通气状况，导致所有实验田被旺盛生长的马尾草（*Equisetum arvense* L.）所覆盖，这种多年生杂草总会指示出其下部的底土层通气条件会非常差。**大自然像往常一样用它独特的方式总结出这些特征，它不需要制作产量表，不需要化验，也不需要曲线和统计，就能解释不合理的农业方法带来的后果。**

英国传统的用来处理耕地犁底层的方法是通过深翻来打破犁底层以恢复通气性，若条件允许应接着施用大量的农家肥以改善耕作质量和恢复蚯蚓种群。一些像紫苜蓿一样的深根作物或者甚至一季短期牧草也可采用并完成这一改良过程。事实证明深翻对草地土壤比对耕地土壤更有效果。正如我们所见，深翻促进了草皮下土壤腐殖质的形成并且增加了土壤的储存和输送能力。

在东方，底层土壤的通气状况可能比西方更加重要。例如在印度，季风期降雨和地表漫灌导致的通常后果之一是大面积硬土层的形成，这归功于土壤胶体的形成，这时所有的表层土壤都有变成硬土层的趋势。这种硬土层必须被打破，东方的耕种者用一种很有趣的方法解决了这一问题。他们利用一种豆科植物的根系来作为土壤深翻的工具，而且只要有可能他们一定会利用这种“机器”。这种方法不需要任何成本，还可以收获粮食和饲料，并且适宜于小块土地。在印度恒河(Indo-Gangetic)平原常用来深翻土壤的是木豆，木豆的根不仅可以很容易地破碎硬土层，而且还可以同时增加土壤中有机质的含量。在西部边界地区，紧实的壤土深翻通常通过紫苜蓿的根来完成。但在印度半岛种植棉花的黑土地上，季风期的降雨会把整个表层土壤转变成巨大的胶体硬土层，紧接着的炎热季节接着会干透这些硬土层，使其裂成许多条裂缝，向下可延伸至底土层，由此就破坏了硬土层，这样也就成功地挽救了农业生产。印度的黑土地在靠自己来耕种和深翻。在西南季风期(即 5—6 月初)到来之前，湿润的风可补偿一些土壤中丢失的水分，大的土壤结块会被打破，等到早期降雨来临时，耕性良好的土壤就为棉花生长做好了准备。这个例子中土壤的深翻是靠自然自己完成的，耕种者仅仅是随后完成了耕作和播种工作。

参考文献

Clements F E. Aeration and Air Content：the Role of Oxygen in Root Activity. Publication No. 315，Carnegie Institution of Washington，1921.

Howard A. Crop Production in India：A Critical Survey of its Problems. Oxford：Oxford University Press，1924.

The Effect of Grass on Trees，Proc. Royal Soc，Series B，xcvii，1925:284.

Lyon T L，Heinicke A J，Wilson D D. The Relation of Soil Moisture and Nitrates to the Effects of Sod on Apple Trees. Memoir 63，

Cornell Agricultural Expt. Station，1923.

The Duke of Bedford，Pickering S U. Science and Fruit-Growing. London，1919.

Weaver J E，Jean F C，Crist J W. Development and Activities of Crop Plants. Publication No. 316，Carnegie Institution of Washington，1922.

第十章　土壤的一些疾病

土壤流失

或许目前最广泛和最重要的土壤疾病就是土壤流失，它是一种备受人们关注的肥力丧失。

轻微剥蚀下的土壤流失从一开始就有，这是大自然在任何地点都正在进行的正常活动而已。岩石分解作用产生的细小土壤颗粒最终会回到海洋，但是有很多会在途中沉积下来，经过数个世纪，就会变为肥沃土壤的组分。我们可以在任何一个河流峡谷中观察到这一现象，在流域的边缘往往是未经开垦的山丘，其突出的基岩上会有一层薄薄的土壤，这层土壤是不断经历风化而产生的，并且在分解过程中持续供应了这些微小的碎屑。

岩石表面的缓慢分解只是矿化作用的一种形式。土壤表层覆盖不仅不会保护下层岩石，相反还会促进其分解，因为土壤水溶液中包含的二氧化碳会不断地分化母岩，先形成土壤母质而后成为现实的土壤。同时，植物和动物的残体也会转变为腐殖质，风、雨、雪或冰川则会渐渐将矿物来源的细小土壤颗粒与腐殖质颗粒混合后搬移到较低的区域，最后当堆积物达到1米深左右时，峡谷中一个肥沃的土壤就形成了。冲刷峡谷的溪流和河水的主要作用就是向海洋运送这些土壤颗粒，以形成新的土地。这个过程可以看作是一个自然循环过程，这里循环的不是作物，而是土壤本身。当新生土地到来时，耕作农业就再次诞生了。这类例子在英国霍尔比齐(Holbeach)沼泽和沃施(Wash)周围类似区域都可看到。从古罗马到现在，由韦尔兰(Welland)、那内(Nene)和乌斯(Ouse)这些高地已再生了许多肥沃的土壤，目前价值已达到16英镑/亩甚至更多。所有这些肥沃的土壤(或许是英国最富饶的土壤)都是由于自然界最广泛的两个过程，即风化和剥蚀而形成的。

剥蚀的进程受人类活动的影响而大大加速了，这种人类活动将毫无害处的自然过程转变为了一种土壤疾病，也就是众所周知的水土流失，它是一种人为的土壤疾病，代表了肥力丧失的开始。无效的、过度开垦的、垂死的土壤曾经因为自然作用而迁移到海洋，并在期间产生了新的土壤。那些固执的个人主义者们，眼看着新的土地又给了他们第二次机会，正是他们这些“农业盗贼”的可恨贪欲成为危害土壤的根源，**自然渴望有一个更好的新的开端，当然也无法忍受失败。也许当一种新的农业尝试机会来临时，人类会接受这些教训，看轻眼前利益，激发一种神圣的责任感，并将肥沃的土壤遗产毫无损害地移交给下一代。**土壤流失就是政策失败的一个外在标志，其失败的原因就在我们中间。

世界范围内由土壤流失导致的危害十分庞大且在迅速增加着，但不同区域的影响变化很大。在像欧洲西北部的一些地区，那里的大部分农业用地都种植了长期或短期的草地或牧草，而且仍然有大面积的灌木丛和森林，因此这些地区的土壤流失对农业影响并不大。在其他一些地区，例如北美、非洲、澳洲、地中海沿岸的国家，那里大量的森林被砍伐，大片土地几乎不停地在耕种，土壤肥力就差不多全被破坏了。

也许美国是目前唯一准确估算了土壤侵蚀所造成的危害的国家。西奥多·罗斯福(Theodore Roosevelt)最先为整个国家敲响了水土流失严重性的警钟。之后第一次世界大战来临，伴随着高额的物价和对土壤肥力的空前挥霍利用，金融萧条时期一系列的干旱和沙尘暴则迫使人们认识到了拯救农业的紧迫性。在富兰克林·罗斯福(Franklin Roosevelt)执政期间，土壤保护已成为首要的政治与社会问题。1937年，人们评价了美国农业土地的现状，至少有15亿亩的土地(或所有种植面积的61%)全部或部分受到破坏而失去了大部分的肥力，只有9.8亿亩的土地(或种植面积的39%)能够在现有农业措施下安全耕种。因此，在不到1个世纪的时间内，美国就失去了将近3/5的土地资本。如果把整个国家潜在的土地资源都利用起来而且到处都尽可能采用最优实践，那么大约有27亿亩土地可以被利用，这比25亿亩的现有种植面积要大得多，因此整体情况并不是没有希望的。**然而，要恢复广大的水土流失区域也是一件非常困难、昂贵的事情，并且需要花费大量时间。即使金钱不成问题，还要使用大量有机肥料，以及种植大量绿肥作物。**

在美国产生土壤流失的根源是对土地的滥用。造成滥用的原因有很多，包括部分农业先驱及其继承者对土壤肥力知识的缺乏；认为土地是利益来源的传统认识；现存农作系统、租赁、财政的缺陷，大部分抵押贷款中不含保持肥力的条款；相对于由少数大型公司控制的工业生产来讲，农业生产(有上百万人参与)的价格和收入是不稳定的。只有到近期人们才认识到应该维持工业和农业生产之间的正确关系并使二者得到全面健康的发展。**这个国家太大了，它的农业资源也很巨大，以至于追求利益的人们可以不受任何干扰进行农业生产，直到土壤肥力(国家的资本)开始以失控的速度消失殆尽。**目前各方的态度即使令人不安，但也不是不可能改变的。政府开始呼吁将土地列入法规，这些努力的重要性、所有现有知识的应用、为拯救国家现有土壤并帮助自然来弥补损失而采取的实际做法等被生动地罗列于1938年由美国农业部出版的《土壤和人类》这一年鉴里，也许这是已有的对土壤流失最好的地区性描述。

非洲迅速的农业发展就伴随着水土流失。在南非这个牧业国家，一些很好的牧场已经成为了半荒漠。在奥瑞治(Orange)自由邦 1879 年土地还被丰富的牧草覆盖着,并散布着芦苇丛生的池塘,而现在只能看到没有用处的沟渠。直到 19 世纪末人们才开始认识到整个南非正在出现严重的过度放牧。1918 年该国的干旱调查委员会报道,土壤流失正在迅速地蔓延至联邦的很多地方,而且侵蚀后的土壤淤积在水库和河流中,造成了地下水供应的显著减少。侵蚀的原因被认为是不合理的草场管理所造成的植被覆盖减少,包括存栏量集中、过度放牧以及为了获得鲜嫩的秋冬放牧而随意烧荒。在非洲莱索托(Basutoland)这样一个灌溉良好的国家,水土流失已成为一个最紧迫的行政管理问题,人口的压力使得大部分区域变成了耕地,而且加剧了剩余牧场的过度放牧。肯尼亚在过去的 3 年里,水土流失越来越严重,包括土著人保护区及欧洲人所在的区域。在土著人保护区,财富取决于牲畜的拥有量,人们以家畜进行易货交易,彩礼大部分是用动物支付的,在那里数量比质量更重要,其后果是过度存栏、过度放牧并破坏土壤的自然覆盖,土壤流失就不可避免。在欧洲人所在区域,流失是因长时间持续的过度种植和没有采取任何措施来避免土壤损失和保持腐殖质含量而导致的。最近,蝗灾又加剧了水土流失的程度,从许多地方可以看到,蝗虫和山羊在一个雨季可使 30 厘米的表层土壤全部流失掉。

地中海沿岸的国家也提供了令人震惊的水土流失的例子,同时还伴随着沙漠的形成,主要是由于过去 3 000 年缓慢持续的砍伐而导致的。本来有茂盛的森林,但现今在地中海区域却看不到一片森林。大部分原有的土壤已经被冬季的倾盆大雨冲刷走了。在北非,曾经存在于古罗马时期的肥沃粮田现在已经变成了沙漠。法拉利(Ferrari)在他那本关于林木和牧草的书中提到在众多雄伟的公园被破坏之后,波斯(Persia)的土壤和气候就改变了,土壤被沙土所代替,气候变得干旱而令人窒息,小溪开始减少然后消失。类似的改变也出现于埃及森林被破坏之后,气候规律的丧失伴随着降水和土壤肥力的减少。巴勒斯坦(Palestine)曾经被茂盛的森林和肥沃的草原所覆盖，并拥有凉爽而温和的气候，现在它的群山已经裸露，河流已大部干涸，作物产量已减少到最低水平。

上述这些例子表明水土流失已十分普遍，并造成非常严重的影响，而导致水土流失的根本原因就是土地的滥用。在讨论那些已经提出与正在尝试的补救措施时，必须要正视问题的本质。那也就是要修复自然的排水系统，即河流，并用自然的方式向乡村提供日常的水源供应。**河流的集水区是控制水土流失的自然单元。在设计这一控制系统时，我们必须恢复集水区自然排水和贮存水的功能。当这件事情完成时，我们就应该不会听到任何有关水土流失的事情了。**

日本或许提供了控制水土流失的最好例子，它有着降雨量高、土壤易受侵蚀和地形陡难以保持土壤等特征。在这里，水土流失通过采取不计成本的措施已经被有效地控制住了，这是因为他们认识到若执行不好随时都会成为国家的灾难。日本水土流失造成的最大危害是从陡峭的山坡滑落下来的土壤碎片淤积在下面的稻田里。水稻土的质地必须保持好，以使得农田能够尽量保持水分和减少排水。如果这些稻田被来自山坡上的流失土壤所覆盖，变成厚厚的一层渗透性好的土壤，它就不再能保持住水分，水稻种植这一日本的食物支柱也就毫无可能了。基于这一原因，日本已经在土壤保护工作上花费了10倍于受侵蚀土地价值的财力，实际上就是为挽救下游的珍贵稻田而提供保险。例如在1925年，东京林业局在价值40日元/英亩的森林上花费了453日元/英亩用于防止土壤侵蚀，而这是为了拯救240～300日元/英亩的稻田价值。

日本在几个世纪之前就意识到了来自水土流失的危害，并且发展出一套示范技术来防止水土流失。现在每个流域的上游地区均有森林覆盖，这也是控制洪水与保障山谷中水稻产量的最经济有效的方法。多年以来，控制水土流失的措施已经在国家预算中被列为一项重要条目。

根据劳德米克(Lowdermilk)的描述，在日本控制水土流失就像下象棋一样。森林工程师在研究了受侵蚀的山谷后，开始他工作的第一步，就是选址并建立1个以上的拦沙坝。之后他等着看大自然的反应，并决定下一步工作，可能是建设另一个拦沙坝或者两个，把前一个大坝加高或在坝旁建设挡土墙。在第二次观测暂停之后，要制定下一步计划，如此直到水土流失被控制住为止。自然的力量，如泥沙沉积和植被恢复，被用来指导实践以最大程度地降低支出，没有比自然在这一方面做的更好的了。到1919年，日本有将近200万公顷森林被用来控制水土流失。这些森林现在所做的已不仅是控制水土流失，它们还帮助土壤吸收和保留大量雨水并缓慢地将水释放到河流和小溪中。

在另一块土地上，中国则提供了一个同样令人吃惊的负面例子，这是因为政府无法解决整个流域的排水问题。在黄河上游的陡坡上大范围的水土流失仍在继续，每年这条河流都会运走20亿吨的土壤，这些土壤可使一个640千米^{2}的区域增高1.5米，这种情况是由流域上游易流失的黄土所造成的。泥沙在下游的河床中沉积下来，以至留住河流的塘坝也在不断上升。这条大河在这种不相称的竞争中不断赢得比赛并造成破坏性的泛滥后果。花费在筑坝上的辛勤劳动白白浪费了，因为人们没有把握住水土流失整个问题的本质，而且没有研究黄河泛滥影响到的整个区域，并将其作为一个有机体来对待。现在的困难是流域上游的人口过多，这样就阻碍了造林和种草。如果中国人能有效控制上游区域（即问题的真正所在），水土流失问题完全可以早日得到解决，并且付出的代价会远低于河流筑坝上的支出。很不幸的是，中国没有独立地解决好水土流失这个问题。很多其他的河流，例如密西西比河，就是受过度使用所累，随之而来的是上游的水土流失以及定期的洪水。

全球范围内因无法控制的水土流失所造成的危害是非常巨大的，对这种危害开展行动也没有疑义。不过在最近的文献中有一个值得重视的因素却被忽略了，那就是有相当数量的新的土壤在通过自然风化不断地从底层土壤和母岩中产生出来，这些土壤若保护得当很快就会再生出大面积有价值的土地来。研究这一问题的最好区域之一是印度中部的黑棉土，这种土壤位于玄武岩上面。在这里，即使水土流失是持续的，土壤也不会经常消失掉，因为当上层土壤被雨水移走的同时，新的土壤又会从下层土壤重新产生出来，如此形成的大量土壤能够在瓜廖尔州(Gwalior)看到。该州的上一任总督从印度政府雇佣了一名灌溉官员来建设大量的堤坝，每个堤坝都提供有溢水口，并穿过很多河谷，这些河谷过去受到雨水的严重破坏几乎没有土壤了，只有一些灌木在光秃的岩石缝隙中生存。即使在如此没有希望的环境下你会看到并相信新土壤的形成是多么的伟大，在短短几年里，堤坝的建设就伴随着肥沃土壤的延伸，很快就带来不错的小麦收成。由瓜廖尔州总督推动的这项工作在当时很有价值，更重要的是当面对水土流失问题时他们表现出一种乐观的态度。其实事情常常并不像它所表现出的那样毫无希望。

为什么森林对防止水土流失和涵养小溪、河流有如此有效的作用呢？其作用有两方面：①树木和林下灌木丛把雨水破碎成细的雨滴，地面上的枯枝落叶则保护土壤不流失；②森林中的树木及动物残体被一同转化为腐殖质，随后被下面的土壤所吸收，增加了土壤的孔隙度和持水能力。**土壤覆盖物和土壤腐殖质在共同防止水土流失的同时储存了大量水分，这些由有生命的森林覆盖赋予的要素，包括土壤保护、土壤孔隙和保水能力，在解决水土流失中起了关键作用。**所有其他单纯的机械修复，例如梯田和排水均是第二位的选择，尽管这些方法在适宜的地点也同样重要。土壤必须尽可能多地被覆盖，它必须储存有充足的腐殖质来保证它可以吸收并保持降雨。因此，在没有树木的地方土壤必须要有草覆盖或有一些作物覆盖，并不断地供给其充足的腐殖质。每块这样的土壤就很少甚至不会出现水土流失。这也证实了莫斯科提姆瑞斯夫(Timiriasev)学院威廉姆斯(Williams)的观点，他早在前苏联重视水土流失问题之前就提出了一个关于古代文明的衰退是由于土壤肥力下降的观点，即人类文明的需求增加导致了对草地进行大规模的耕种，造成了土壤结构的破坏。威廉姆斯认为草地是所有农业土地利用的基础，也是土壤抵抗人类掠夺本能的主要武器。他的观点对前苏联的土壤保护政策发挥了重要影响，并在许多其他国家得到了应用。

在地表排水系统的设计和建设中，草地是一个重要的因素。**任何情况下地表排水都应宽阔、浅薄并完全被草覆盖着。当径流排出时只有一薄层的清水，却将所有的土壤微粒留在了后面；草地因此自然获得了养分并可生产出丰富的饲草。**这种简单的排水设施已在印度的沙贾汉布尔糖业实验站付诸实践，人们开挖出土路并保证比种植农田低几十厘米，再在上面种上草，从而形成有效的雨季排水条件，既带走了多余的降水，又没产生任何土壤流失。

如果我们认为水土流失是不合理的农业活动造成的必然后果，整个沿河流域就应作为实施土壤保护的自然单元，这时各种不同的治理办法就可找到各自合适的地方。**每条河流的上游必须要有植被；耕地表面应尽可能有覆盖作物，包括草地和牧草；土壤腐殖质含量必须要得到提高，土壤团粒结构也要得到恢复，以保证每块地可以吸收属于自己的降水；过度存栏和过度放牧都应被禁止；必须使用简单的机械方法来保持土壤和控制径流，例如采用梯田、等高线种植、等高线排水。**当然，每个单一的防止水土流失的办法都不能说是普适的，本质上所有水土流失问题都是本地化的，尽管如此还是可以提供一些指导性原则应用于任何地方。首要的也是最重要的就是恢复和保持土壤的肥力，以保证流域的每块土地都可以通过吸收属于自己的降水来完成自己的任务。

盐碱地的形成

当土壤持续缺氧时，植物就很难进行呼吸，接下来土壤就会失去肥力。在热带和亚热带的很多地方，土壤中不断累积的可溶性盐分对农业造成了消极影响，这些盐分往往来自硫酸钠、氯化钠和碳酸钠的混合物。像这样的地方我们称之为盐碱地。作物生产在盐碱化的初期或盐碱化程度不严重时就面临困难，由此必须采取措施遏制盐碱化加剧的趋势。当完全盐碱化时，土壤就失去了生命力，作物也无法在其中生长了。盐碱化土地常见于中亚、印度、波斯、伊拉克、埃及、北非和美国。

之前人们认为，碱化土壤是由于降雨量小，不足以把土壤中不断从岩石风化产生的盐分冲洗掉，从而使这些盐分含量增加的结果。所以，发生盐碱的地区在人们的脑海里一般是气候干燥的地区，如印度的西北部、伊拉克和北非，这些地区的降水量极小。这种关于盐碱地形成和出现的观点，不但与事实不符而且极具误导性。例如，在印度的欧达(Oudh)邦，盐分的去除若仅仅是水量问题的话，其雨水足以溶解这一贫瘠土地上相对数量较小的可溶盐。然而，这一地区却自然的分布着大片的盐碱地。在印度北部比哈尔邦(Bihar)的亚山区，年平均降雨量达1 200～1 500毫米，但盐碱地仍普遍分布于此。所以，气候干燥不是盐碱化的主要原因。高的降雨量并不能去除盐碱，土地的不渗透性才是造成盐碱的必要条件。在印度，对坚硬土层的持续灌溉会使渗透性降低，再加上土壤底层不流动水的积累或表层排水不畅，都会导致土壤失去通透性，这样盐碱土迟早就会出现。几乎所有的活动，尤其是过度耕作和大量施用肥料，都会使有机物质发生氧化，并缓慢破坏土壤的碎屑结构，结果也会导致盐碱地的形成。在比哈尔邦(Bihar)的北部普萨的邻近地区，老的路面、竹林地以及种植诸如罗望子(*Tamarindus indica* L.)和菩提树(*Ficus religiosa* L.)的地方，总会形成盐碱斑块。这些地方的土壤紧密压实，其表面总会出现蓝绿色的斑点，这与生长在通气性差的土壤中并且得不到充足氧气的那些土壤生物的活动有关。在奎塔河谷(Quetta Valley)坚硬的黄土层之上和盐碱斑块几厘米以下，总会出现类似的蓝绿色和棕色斑点。在比哈尔邦北部的盐碱地区，井口总是敞开着，否则井水就会被硫化氢污染，从而证明在较深的地层正发生着强烈的还原反应。在孟买(Bombay)尼拉(Nira)河谷黑色土上进行的底层土壤灌溉试验中，经长年灌溉之后就会伴随盐碱地的形成。曼恩(Mann)和塔姆哈那(Tamhane)发现从排水渠出来的盐水很快发出强烈的硫化氢气味，在每一排水渠的出水口处还有白色的硫磺沉淀物生成，从而证明了在这样的土壤中还原作用是多么的强烈。盐碱形成中的还原过程无意中解释了一个地区只有当土地在过度灌溉下表现渍水和土壤氧气供给受到限制时，人们才意识到发生了碱化。

最近在西伯利亚(Siberia)关于盐湖起源的研究支持了盐碱地形成与较差的土壤通气有关的观点。在俄罗斯斯兹拉库尔(Szira-Kul)湖，可兹尔卡亚(Kizill Kaya)的群山和巴捷尼(Bateni)市之间，奥森德斯基(Ossendowski)观察到，在湖底黑泥和距离湖面一定距离的湖水里存在大量硫化菌群落。这些硫化菌产生大量的硫化氢，使湖中鱼类难以生存。在中亚的一大片水域由于类似的原因形成无用的盐水湖，并且发出呛鼻的硫化氢气味。在乌克兰的敖德萨(Odessa)附近的河口及黑海的部分地区，也发生着类似的过程。敏感的鱼类遭受硫化氢毒害，正在缓慢地离开这一水层，逐步游向海水表层。遍布亚洲大片平原的湖泊死亡及由盐碱形成导致的土壤渗透性的破坏都是由于土壤氧气含量过低引起的。这种土壤缺氧经常是自然发生的，在某些地方，长年灌溉也会引起土壤缺氧。

盐碱条件的形成经历了以下一些过程，首先是不透水土壤的形成。以印度北部的乌沙(Usar)平原为例，由于气候条件有利于那些物理和生物因素不断分化土壤结构，使团粒分裂成很细的成分。然后，这些极小且大小均一的颗粒与水混合会产生胶体的一些特性；当这种土壤胶体变干后，就形成渗透性极差的并难以破裂的硬磐。这样的土壤非常古老，其透水性一直很差，以至不能耕作。

除了这种自然情形以外，土地盐碱化在许多时候是由于错误的土壤管理造成的，主要有：

1.过度灌溉。过度灌溉会逐渐破坏土壤颗粒与土壤有机物的黏合作用,同时土壤中的空气会被水所代替。土壤缺氧带来的变化表现为蓝色和褐色标志物的出现,它首先出现在土壤底层,最终会导致土壤死亡;在进行长期灌溉时必须防止土壤缺氧对有活力的土壤的缓慢破坏。这一现象在今天灌溉管理较松散的印度运河流域(Canal Colonies)正在发生。

2.过度耕作,不重视土壤腐殖质更新。像印度恒河(Indo-Gangetic)平原这样的大陆地区,由于其温度的骤冷骤热和湿度的干湿交替,在有些季节土壤生物过程对有机质的消耗变得很强烈,导致土壤中腐殖质库存很少,盐碱化的风险变得最大。在温带地区,有机质的积累是不可能的,所以发生盐碱化的可能性很大。土地管理中的细微错误不仅会破坏土壤中腐殖质的较小库存,还会破坏土壤颗粒和团状结构所依赖的有机黏合力。其后果就是土壤透水性能变差,这也是土壤盐碱化形成的第一阶段。

3.人工肥料特别是硫酸铵的使用。土壤中多余的易于吸收的化合态氮素的存在可促进真菌与其他生物的生长,这些生物需要消耗有机质为自身提供能量和构建微生物组织,它们一般是先利用土壤中的腐殖质库存,进而利用那些可以黏合土壤微粒的难利用的有机质。一般地,在正常耕作土壤上这种微生物活动不会受土壤过程的影响,但人工肥料的使用则会改变这一过程。

盐碱地始于土壤中氧气供应的终止,然后情况很快变得更糟起来,所有维持健康土壤的氧化因素都消失了,一种由厌氧生物组成的新的土壤生物群便形成了,它们可从土壤底层获得少许氧气。继而是一个还原的阶段,氧气的最简便来源——硝酸盐很快耗尽,有机物质开始进行厌氧发酵,当土壤死亡时会产生出硫化氢,类似发生于中亚湖泊盐碱化的过程。这些化学反应的最终结果是盐碱地上可溶性盐分的积累——包括硫酸盐、氯化物及碳酸钠。当这些盐分的量达到有害程度时就会以白色的和黑褐色的沉积形式出现在地表。前者(白碱)的主要成分是硫酸钠和氯化钠,后者(黑碱)的组成除此之外还有碳酸钠,其中的黑色是因碳酸钠可以溶解土壤中的有机物质,使土壤排水基本停止。据辛格德(Hilgard)的观点,碳酸钠是硫酸盐和氯化物在二氧化碳和水存在的条件下形成的;在氧气存在的情况下,则发生可逆反应,碳酸钠发生分解。之后的研究进一步完善了这种看法,表明土壤中碳酸钠的形成过程是分阶段进行的。碳酸钠的出现意味着这一反应进程的结束,即土壤"死"了。然后由于土壤中含有这些碱性盐和被溶解的有机物质,使得土壤改良变得十分困难起来。

盐碱地的出现如同它的起源那样,是极其复杂的。像旁遮普和信德(Sind)这些地方的常见冲积土壤,在常年灌溉下土壤坚硬的地方会首先出现盐碱斑块,而在更硬的地方斑块会更大并可成片。反之,在空旷的通透性好的地方,就没有盐碱斑块。像联合省的西部广袤地区,对土地的灌溉已经存在很长时间了,就在贫瘠的盐碱地旁边,透气性好的地方作物生长仍良好。伊拉克也提供了这方面很好的例子,精耕细作只能在通透性好和排水畅通的土壤中奏效,在通透性差和排水不畅的地方,盐碱化迅速变得严重起来。当然,在一些灌溉地区,如印度西北部亨扎斯(Hunzas)与秘鲁的梯田,自古以来这些地方就持续不断地被灌溉着,但其土地却没有出现盐碱化的现象。在意大利和瑞士,常年的灌溉也没有对土地带来不利的影响。在以上这些例子中,人们都注重二壤排水、通气和腐殖质的保持,通过自然或人工的方法使土壤呈现氧化过程,另外施用足量的有机物可以提供土壤团粒间的黏合力。

盐碱地的每一阶段都要达到这些要求。事实上少量的盐碱对作物或土壤生物并不会造成伤害,只有当盐碱浓度超过某一限度时才会先影响作物生长,最后影响到全部。豆科作物对盐碱特别敏感,尤其是当盐碱中含有碳酸钠时,其影响更加明显。盐碱对植物的这些作用是一个物理过程,主要取决于溶液中的渗透压,并且随着可溶物的增加渗透压也随之增加。当水分很快捷地从土壤进入植物根系时,根细胞的渗透压必须要大于根外土壤溶液的渗透压。相反如果土壤溶液的渗透压比根细胞大时,水分就会从植物根系返回至土壤,植物将枯死。土壤中盐碱浓度超出某一点时,这种情况就常会发生。此时植物将不能从土壤中吸收到水分,反而面临死亡的命运。根系的行为就像把一个丰满的草莓放在高浓度的糖溶液中的情形,它会由于极度失水而变小。当土壤溶液中含有太多的盐分时,灌溉水对于植物也只是杯水车薪,整个通道实际上已受到了破坏。

作物对盐碱化第一阶段的反应是有趣的。我曾在奎塔(Quetta)流域和普萨(Pussa)分别工作了 20 年和 8 年,其中的一些土地应该正处于盐碱化的边缘。第一个反应是叶子变黑,作物生长趋于缓慢。若注意土壤通气、增加有机质供应以及种植像苜蓿和木豆这样的深根作物来打破深层土壤,这种早期盐碱在很短时间内就可克服并恢复正常。然而,我们却忽视了大自然的另一个危险信号,即已有某些盐碱斑块形成了,并带来了麻烦。当棉花在旁遮普(Punjab)的冲积土上进行灌溉生长时,其对初期盐碱的反应首先表现为不能结实,主要是由于最敏感的花药失去了本应有的释放花粉的功能。棉花植株难以从弱碱性土壤中获取它所需要的所有水分,这一问题很快就会通过花粉形成机制丧失反映出来。

盐碱地改造的理论非常简单。所要做的是用足够的石膏处理土壤(把钠黏土转化为钙黏土),然后洗去可溶性盐分,增加有机质,并进行合理的耕种。这样改造过的土壤就会很肥沃,并能保持肥沃水平。如果水源充足,只通过水洗的方法有时候也有可能改良碱土。我以前也这么做过,证明是可行的。奎塔(Quetta)试验站灌渠下方的护道面临来自碱化斑块的重黏土问题,但当灌溉水不断从灌渠流下时会迅速带走碱性盐分。于是在这种土壤上就生长出我在热带地区从未见过的大量植物。然而，在大片盐碱土地上通过灌排进行这样的治碱尝试是很困难的，除非首先要用钙替换掉土壤中所有的钠，然后还要防止含钠黏土层的形成。即便这些改良成功了，其代价也是无法想象和得不偿失的。去除盐碱只是第一步，然后需要添加大量的有机物，并提供充足的土壤通气，还需要极大的细心来保持这些已改良的土壤不具备产生盐碱的条件，防止其再次发生碱化。在具备渠道灌溉的条件下，在某些地方产生盐碱是极其容易的，但把盐碱土改造为肥沃的土壤却是极为困难的。

在盐碱形成方面，大自然为多年灌溉项目提供了极有效的检验手段。用开凿运河的方法去征服沙漠决不是依靠水的周期灌溉所能实现的，它只是问题的一个方面。灌溉是必须的，土壤管理也一定要能使土壤保持肥沃不致改变。显然这是个老生常谈的话题，而且通过建立一个灌溉系统，在生产一到两茬作物后还会出现盐碱化，其代价是巨大的，这样的成绩仅仅是提供了另一个失败农业的案例。我们应该经常记得，古代的灌溉者从未进行过常年灌溉这样所谓有效做法的探索，他们仅满足于局部盆地的灌溉，以保证灌溉和通气的结合，并可起到很好的效果（包括在土地周围筑堤，浇水一次；待干透后再耕作和播种。通过这种方式，水分可以充分被利用而且不影响土壤的通气性）。在金（King）有关灌溉和排水的研究中，他得出了一个有趣的结论，这也是对全世界所有灌溉机构最重要的忠告，如下所述：

> 值得注意的是，在印度、埃及和加利福尼亚州，盐碱土地的过度发展本质上是由于现代化的灌溉实践造成的。而掌握这些现代技术的人们正好缺乏古代灌溉者的传统智慧，正是他们在同样的土地上工作了几千年。今天的盐碱地正以其强烈扩展的方式，阐释着这种现代化的后果。处于现代文明中的人们，大多已清楚地意识到了这种“现代化”的方式是不能被接受的！

参考文献

Soil Erosion

Gorrie R M. The Problem of Soil Erosion in the British Empire, with special reference to India. Journal of the Royal Society of Arts, lxxxvi, 1938:901.

Howard Sir Albert. A Note on the Problem of Soil Erosion. Journal of the Royal Society of Arts, lxxxvi, 1938:926.

Jacks G V, Whyte R O. Erosion and Soil Conservation. Bulletin 25, Imperial Bureau of Pastures and Forage Crops, Aberystwyth, 1938.

The Rape of the Earth: A World Survey of Soil Erosion, London, 1939.

Soils and Men, Year Book of Agriculture, 1938, U. S. Dept. of Agr., Washington DC, 1938.

Alkali Soils

Hilgard E W. Soils. New York, 1906.

Howard A. Crop Production in India. Oxford University Press, 1924.

King F H. Irrigation and Drainage. London, 1900.

Ossendowski F. Man and Mystery in Asia. London, 1924.

Russell Sir John. Soil Conditions and Plant Growth. London, 1937.

第十一章　动植物病虫害

在上一章我们了解到自然界是如何通过侵蚀将破损的土壤移走，并且在别的地方再生出新的土壤。在一些地方，可以说由于对土地的管理不善，随后出现了新政。相似的法则也可应用于作物：患病的农作物悄悄地被移走并用于生产腐殖质，这样下一代作物也会因此受益。

大地母亲提供了一个复杂的组织系统来指示那些低效的农作物。在贫瘠的土壤上，不适宜的作物品种生长时或管理上出现失误时，自然界马上就会通过她的“监察部门”作出反应，一些在不健康的作物上生存的一组或多组生物例如寄生性害虫和真菌就会指示出种植及管理的失败。在今天的语言里就是庄稼被病害侵染了；而在专家的著作中，就是一种病虫害出现了，为此作物必须得到保护。

近年来，另一种形式的植物病害，即所谓的病毒病也开始出现。在病毒病中没有明显的寄生物，但其他地方的昆虫能够把发病植物的病源体传播到邻近的表面健康的植物上。当检测受侵染植物的细胞内含物时，其中蛋白质显示出明确的异常，表明绿色叶片的工作已受到影响，蛋白质合成似乎不完全。随着像剑桥一类专门研究实验室的发展，从众多的这类文献中可以看到，越来越多的病毒病被发现出来。除了这些病毒疾病，还有一些作物病害看起来不是由真菌、细菌、害虫或者病毒引起的，我们把它们统称为生理疾病，即由于正常的代谢过程出现问题引起的疾病。

农业科学如何应对这些作物疾病？答案既有趣又具启发性。这一问题有很多种解决办法，可以通过以下四点简单的概括一下：

(1)对有害生物生活史的研究包括两方面：一是寄生物与作物之间的关系，一是环境对两者竞争的影响。这些研究的主要目的是发现有害生物在生活史中的一些弱点，从而通过利用这些弱点破坏它们或者保护作物免受侵害，在这方面已有一些令人印象深刻的专业文献发表。随着研究人员数量的增加以及研究问题的不断深入，人们对地球上不同地点的研究也在快速增加，相应出版的文献也在增加。现在几乎找不到任何一本论述农业研究的期刊不包含至少一篇大块文章描述一些新的疾病。文献变得越来越浩渺，使得专家们自己也无法应对。文献中的绝大多数只能把摘要提供给研究者来阅读，为此在大英帝国设立了新的机构——昆虫学和真菌学编辑部来发布相关信息，并收集和借阅已发表的文章。

(2)研究害虫的自然寄生生物、寄生生物的繁殖以及一些成功案例的实际应用。为了实现这一目的，一个独立的研究机构已在白金汉郡(Buckinghamshire)皇家法纳姆(Farnham Royal)建立起来。

(3)保护作物免受寄生生物的侵害。作为一种方法其体现为两点：①杀虫剂和杀菌剂的发现以及一些喷洒器具的设计，可利用其在农作物表面覆盖一层农药膜，以杀死作物表面的寄生物。②还可通过燃烧，或采用像浓硫酸的强腐蚀性液体来杀死寄生物，或者在土壤中加入杀菌剂来有效控制病害侵染。

(4)保护一个地区免受外来害虫侵袭的管理框架还未成型，这时就要采取通常的检疫措施。植物和种子的进口是完全禁止的，只在有许可证的情况下才被允许引进，或者植物材料在进入港口时要进行检查和消毒。在所有情形下遵循的原则是一样的，即农作物必须受到保护，免于感染外来寄生生物而造成极大危害。随着陆地、海洋和空中交通运输的规模扩大和速度加快，落实这些措施的难度越来越大。即使是现在也不可能检查所有的行李和货物，并阻止走私小包裹的种子和活的植物扦插枝条。事实上，如果对来回经过印度和缅甸，经过印度、马来联邦和斯里兰卡的劳动力进行检查，我们将会看到这些人携带着大量非同寻常的物品，植物和种子时常会包含其中。园艺热衷者经常在旅行中收集他们感兴趣的植物。大英帝国的家庭、养殖场和工厂都有部分种子来自于全世界，通过其中一家或几家，一些新的害虫几乎必然会时不时地入境。因此，这些隔离方法根本就不会成功。

从最先开展植物病害研究到现在已经50余年了。针对植物病理的所有研究的基本结论有哪些？它对农业提供了任何有永久价值的东西吗？为这一游戏值得点亮蜡烛吗？农业科学除了继续发现越来越多的新型病害并发明越来越多的毒药去喷洒杀死它们，还有什么替代办法来解决这一问题？为什么会有这么多的病害？西方农业不断增加的病害能够通过实践中的一些精巧变化得到解决吗？像东方的耕种者能够教给我们一些关于病害和它们的控制办法吗？

在这一章我们将尝试回答这些令人感兴趣的问题。

这是一个很容易理解的道理，即任何一个类似于农业研究的组织，要通过积累而不是通过一个深思熟虑的计划得到成长，它需要定期进行严格检查以确定所获得的结果是否与付出相适应，并确定是否需要通过吸收新的知识和经验做出修改。我从1899年开始对农业中的作物和动物疾病进行研究，并且坚定地延续到现在。经过40年的工作，我对我所得出的基本结论充满十足的信心，并希望人们能认识到它们的价值。

1899年我作为一名真菌学学者在西印度群岛开始了农业研究，我主要研究甘蔗和可可的病害，并且对热带农业产生了兴趣。很快我就发现了研究机构的一个重要弱点：在农场主同意之前，真菌学学者是没有土地对自己的研究成果进行试验的。

我接下来的一个职位是肯特瓦伊(Wye)学院的植物学家，在那里我负责酒花的实验,并且有大量的机会去研究这一有趣植物的昆虫和真菌病害。但是我仍然没有自己的土地去试验活跃在我脑子中的关于预防酒花病害的方法。我观察到一个有趣的事情:幼小酒花的抗性增强是授粉的结果。这一观察带来了当地种植实践的一个转变:现在人们开始种植雄性酒花,就可为大量雌性花朵(有商业价值的酒花)提供授粉。

1905年我被任命为印度政府的经济植物学家。在普萨农业研究所,通过主管伯纳德(Bernard)先生的大力支持,我第一次有了工作所需的所有条件——感兴趣的问题、钱、自由,最重要的是有了455亩的土地,在上面我可以通过自己的方式种植作物,并且研究这些植物与昆虫和真菌病害之间的相互关系等。离开大学6年后,我才获得作为一个研究者所应有的所有论文资格和学术经验,然后我真正的农业研究开始了。

在开始我的这二次集中研究时,我下定决心要有新的突破,并且来验证我的想法(在西印度群岛我第一次有了这种想法),也就是观察当昆虫和真菌病害一直存在和没有任何限制下会发生什么,仅仅依靠间接的方法如改进栽培和提供更多有效的品种是否可以阻止这些病虫的侵害。这一观点很大程度上源于对印度农业的初步研究,我们发现普萨附近的种植者们种植的农作物很明显地没有受到任何害虫的影响,在这个古老的农业系统中,类似于杀虫剂和杀菌剂这一类东西都不需要。我决定除了观察这些农户的操作之外不再去做什么,并且我要尽快地获得他们的传统知识。因此,我暂且把他们当做我的农业导师,另外一组导师则是那些昆虫和真菌。如果按照农民的方法去做,那么几乎所有的作物都可以免受病害影响;昆虫和真菌则会被用来指示出当地那些不适合的品种和不适宜的耕作方法。

对于我来说能够用这种非正规的方法研究作物病害主要有两个原因。首先,在我1905年到达印度的时候,普萨的农业研究所只不过是一个名称而已,所有的东西都是不固定的,根本就不存在一个研究机构应该有的组织体系。第二点,幸运的是我的职责并没有清楚界定。因此,我能够有新的突破，去拓宽经济植物的范围直至种植业，我可以将我的调查建立在印度农业的第一手知识上，并且在介绍给他人之前我可以有自己的意见。通过这种方式我摆脱了大多数农业研究者的命运——一个实验室隐者的生活，仅限于为一个过时的研究机构服务。取而代之，在印度我用我前5年的时间通过实践经验弄清了作物的基本健康法则。

为了给我的作物感染寄生生物的机会，我没有做任何防护措施，没有使用杀虫剂和杀菌剂，也没有破坏生病的植株。当我对印度农业的认识有所进步和我的实践水平得到提高后，病害发生明显减少。**在跟着我的新导师——农民和害虫学习了5年后，昆虫和真菌对那些根部系统已经适应了当地土壤状况的所有作物的侵害变得可以忽略不计了。到1910年，我已经学会了怎样种植健康的、几乎没有病害的作物，而没有用到真菌学者、昆虫学者、细菌学者、农业药剂师、统计学家、信息发布、化学肥料、喷洒机器、杀虫剂、杀菌剂等微不足道的帮助，以及现代实验站所有昂贵的试验程序。**

基于植物病害研究，我自己提出了如下看法：

(1)昆虫和真菌并不是植物病害的真正原因，它们只会侵染不适宜的品种和生长不好的农作物。它们的真正作用是作为农业生产的检查员，指出那些营养不良的作物，保证农业生产符合标准。换言之，这些害虫可被视为大自然的农业导师，是任一个合理农作系统不可分割的一部分。

(2)通过喷雾喷粉等方式保护农作物的策略是不科学的和不可靠的，即使成功了，也仅仅是保留下了一些不适宜的品种，却掩盖了问题的实质——即如何生产健康的农作物。

(3)燃烧病株似乎是对有机质不必要的破坏，自然界不存在这种规则，毕竟昆虫和真菌需要生活和工作。

初步的探索表明，**所有的作物天生是健康的，实验站里解决病害的正确方法不应该是毁灭寄生虫或寄生菌，而应利用它们来指导农**

业实践。

接下来我们将把这些原则应用于印度农业的主要动力——牛的饲养中。我需要自己购买耕牛，并设计牛舍，安排牛的饲养、卫生与管理。起初我遭到了拒绝，但经过锲而不舍地请求，在主管农业的总督议会成员罗伯特先生(Robert Carlyle, K. C. S. I.)的大力支持下，我获得了饲养六对牛的费用。我来自一个古老的农业家庭，从小生长在农场里，并在当地牛的饲养方面有着不错的声望，因此这方面不需要太多的学习。我的实验动物都是被我精心挑选出来的，并给它们提供合适的牛舍，喂食来自于肥沃土地的新鲜的青饲料、青贮饲料和谷物。当然我怀着很强烈的好奇心要观察，在毁灭性的牛瘟、败血症、口蹄疫等疾病频发的农村地区，这些精选的营养充足的耕牛会做出何种反应。**导致这些流行病发生的原因是在有限的饲料供应条件下，密集的牛群数量压力造成的饥饿。我的实验动物没有被隔离，也没有接种疫苗，他们频繁地接触到患病的动物；在口蹄疫时常暴发的时候，我在普萨的小农场只与大农场以低矮的树篱为界，有好几次我看见我的牛与患口蹄疫病的牛在摩擦鼻子，但是我的农场却未发生任何问题。健康的、饱食的动物对疾病的反应同各种各样的农作物一样，只要正常生长，就不会被虫害和真菌病害感染。**

在验证任何农业创新时，很重要的要考虑时间和地点因素。这样就很有必要对上述提出的三个原则进行长时间的和在不同新的地点的试验。这些工作在接下来的21年中，分别在普萨(Pusa)(1910—1924年)、奎塔(Quetta)(1910—1918年的夏季)和印多尔(1924—1931年)的三个中心得以完成。

1910—1924年间，在普萨除了一些深根系的人工培养植株，植物病害的暴发是很少见的；这些深根植株的生长主要作为易感材料用来测试植物育种产生的新品种是否有抗病性。土壤的透气性差经常会导致病害的发生，有关土壤透气性与虫害发生的关系方面，山黧豆(*Lathyrus sativus*)提供了一个最有趣的实例，具体可划分为三组：表层生根型对绿蝇是免疫的,深层生根型总会严重感染,二者之间的类型一般会适度地感染。它们年复一年地并排生长在3米宽的长方形实验小区里,绿蝇每年反复地感染并不是由寄生虫是否存在决定的,而是由宿主根系的发展决定的,很明显宿主必须保持某些条件才能免于被感染。因此,昆虫并不是感染的原因,而是某些其他因素的作用。

在普萨研究的一种作物是烟草。开始时在我的培养实验中产生了大量畸形的植株,已被证实是由病毒造成的。当我们对种子萌发、幼苗生长、移栽和土壤进行细心的管理后,这种病毒病害整个就消失了。在最初的3年里畸形植株很普遍,之后就变得很少见,在1910—1924年间一个畸形植株都没有了。除了良好的耕作方法和培育肥沃的土壤之外,我们没有做任何预防的事情。当时我居然把它当做农业科学许多骗局中的一个,认为是子虚乌有的。

在奎塔山谷的8年时间里,我有一个辅助试验站用来研究水果种植和灌溉中存在的问题。我观察到在那里的8个干燥夏季里,没有任何严重的真菌病害发生。当地居民在山谷排水良好的斜坡上种植葡萄,虽然他们将葡萄种植在深沟里,使其沿土墙壁生长,并频繁地灌溉,却没有任何虫害或病害在葡萄或葡萄藤上发生。乍一看,似乎所有的条件都为霉菌生长做好了准备,但却没有病株出现。原因可能有三个:气候极其干燥,伴随相当的空气流动和晴天;土壤中葡萄树的根系完全地展开,排水良好,并有极好的透气性;唯一的肥料来自于农场厩肥。当地葡萄的生长发育、产量、品质和抗病性都完美无缺。

在奎塔,果树新叶刚长出时的主要害虫是绿蝇,是否细心耕作或灌溉会决定其发生与否。土壤通气性差会产生这种麻烦,反过来改善土壤透气性就会防止其发生。在冬季和春季我经常采用过度灌溉的办法让桃树和杏树上产生大量的绿绳,而后再用深耕的方法使其死亡。嫩枝的下半部分覆盖着害虫,但是其上半部分却可以健康生长。在同一个枝条上绿蝇永远不会从底部叶片传播到上层叶片。当地的人们用一个非常简单的方法解决灌溉下这些黄土土壤的问题，他们将紫花苜蓿种植在果园里，并定期地表施农场厩肥。通过这种方法，土壤的孔隙度得到了保持，绿蝇也处于控制之中。我在印多尔植物产业研究所的8年中，只有两例病害发生。第一次是发生在一小片鹰嘴豆种植区里，7月份由于排水渠道中的一个暂时停用，使得邻近住宅区的积水未能排出，导致2/3的鹰嘴豆被淹了几天。当时我们绘制了一张积水淹没区的地图，到10月份大约播种后1个月，该地块就受到鹰嘴豆毛虫的严重袭击，虫害感染区域与积水淹没区呈现精确的一致！其余地块则未受到感染，并且生长正常。那一年虫害并没有传播到旁边300亩种植鹰嘴豆的地块上，由于暂时积涝灾害而导致的土壤条件的改变，很明显地使毛虫的食物也发生了某种变化。另一个病害的例子发生在猪屎豆(*Crotalaria juncea* L.)地块上，一开始我们想把它作为绿肥，但后来却未翻耕而是用于留种，结果作物一开花就染上了霉菌，由此也未收获到种子。生产猪屎豆种子的黑土必须要施用腐殖质或农场厩肥，只要无病害发生就可以获得优良的种子。

尽管我作了很大努力，很遗憾一项关于棉花的实验却一直没有安排。在印多尔，对于棉花所有虫害和真菌病害的研究非常少。良好的土壤管理，结合腐殖质的施用使棉花生产几乎不发生任何病虫害。当保护印度作物免受美洲各种各样的棉铃虫和棉铃象鼻虫侵害的问题出现时，我根据在印多尔进行的棉花种植提出了一些想法：①对于美洲的这些麻烦，无论原因是昆虫或棉花生产方式，均应以解决问题为重；②对我们开展的耕作方法进行检验，并作为重点。可以肯定的是这些昆虫会发现我们的棉花栽培对其毫无营养。我的建议没有得到印度棉花委员会的昆虫顾问们的支持，该事情就搁下了。

在奎塔和印多尔，牛群中一直没有感染疾病的例子。在普萨(Pusa)未发生疾病的情形在西部边境和印度中部这些新的地区也表现一样。

从这些工作中我们很快会发现，**作物生产中最为重要的是要定期供应农场厩肥，保持土壤肥沃才是作物健康生长的基础。**

腐殖质与抗病

即使在实验站,农家肥的供应也总是不足的,问题是如何在那些把大量牛粪作为燃料的国家(指印度)增加农家肥的施用量。对这一问题的回答来自中国延续很久的农场实践,即研究如何更好地把动植物废弃物转变成腐殖质,这样印度的每个地方就能实现农家肥的自我供应。这一问题并不属于我所开展的作物改良研究的范畴,它迫使我要进行很多的涉及化学方面的工作。在普萨的研究机构逐渐变得严格起来,早期存在的老式自由式研究成为了记忆。**基于学科细化而非解决实际问题的科研机构的发展在破坏着开展研究所必须的自由空间,而脱离自由的研究是不可能取得进展的。仪器本身变得比它的用途更重要起来,这种研究机构只会自取灭亡。**这也是我为什么决定离开普萨和建立一个未受干扰的新的研究中心的原因。在推迟了6年后(1918—1924年),印多尔研究所终于成立起来,按照预期计划,我们在印多尔的植物产业研究所安排了1 800亩土地进行动植物废弃物的堆肥规划、试验和示范,这种简单的方法也叫做印多尔工艺。在接下来的几年里堆肥产量就翻了1倍还多,所有作物生长良好,未受到病害的影响。从1931年以来,印多尔工艺在一些国家已逐步得到推广,特别是在一些种植园如咖啡、茶、糖、剑麻、玉米、棉花、烟草和橡胶中得到了应用。这些结果已经被讨论过,在所有这些试验中,动植物废弃物转变成腐殖质后,作物和牲畜的健康就一定得到了改善。我在印度的这些经验被不断引到世界各地,同时一些有趣的问题又被挖掘出来。这里仅介绍一个例子,即在罗得西亚,腐殖质可用来保护玉米不受独脚金(witchweed)的影响。这种感染是否是营养不良的后果?其免疫特性是否由建立的菌根组织来提供?对这些问题的回答将会提高我们的知识水平,并且需要对其中一些问题进行深入研究。

菌根组织与病害

为什么腐殖质是作物健康的一个重要因素？菌根组织提供了线索。这一结论在茶叶的例子中已经得到部分陈述。

菌根组织并不仅限于一类林木植物，它在几乎所有种植植物中都存在着。1938 年瑞纳（Rayner）和莱文森（Levisohn）博士对我提供的许多样本进行了检验和总结，包括橡胶、咖啡、可可、豆科遮阴树种、绿肥作物、椰子、桐树、小豆蔻、葡萄、香蕉、棉花、甘蔗、啤酒花、草莓、球茎类、禾草和三叶草等。在所有这些植物根系中均有菌根，说明菌根很可能具有普遍性。我们正在讨论一个非常明显的共生例子，即某些土壤真菌直接地把土壤中的腐殖质与作物根系连接在一起。这一真菌组织或许包含了多达 10% 的蛋白质形态的氮素，然后被活跃的根系所消化，并可能被蒸腾流携带进入绿叶中的碳同化位置。植物根系中菌根的有效存在与植物健康联系在一起，反过来根系中菌根的缺乏则意味着植物对疾病抵抗力的减少。很显然未来研究任何植物病害的第一步，就是看土壤是否肥沃以及菌根组织是否正常。如果是这样的话，一旦土壤肥力得到恢复，寄主植物的行为就会有明显的改进；反之，如果寄主植物没有反应，则肥沃的土壤也不会有任何差异。

我已经观察到了一些结果，它表明腐殖质在帮助苹果这一菌根形成者摆脱病害方面是多么重要。1935 年通过施用腐殖质我开始了对自己庭院的恢复工作，早些时候（1934 年夏季）当我接手这个园子时其土壤非常贫瘠，当时苹果树差不多都患上美国枯萎病、绿蝇和伤害果实的像苹果蠹蛾的尺蠖，果实品质也很差。**除了逐步增加土壤腐殖质以外我没有对病虫害进行任何控制，3 年后那些寄生生物消失了，树形改观了，叶子和新枝变好了，果实质量是一流的。**现在这些树用来开展病害感染试验，以确定土壤肥力是否得到完全恢复。苹果树对不同病虫的反应可以回答这些问题，任何土壤分析均不如这些苹果树能告诉我那么多的信息。

所有这些信息的含义是清楚的，即**大自然提供了一件不可思议的机器可使作物具备抗病性。该机器只有在土壤富含腐殖质时才是活跃的，而在缺乏腐殖质的瘠薄土壤和施用化肥的类似土壤中则会失去活性，让这部机器保持运动所需的燃料就是定期向土壤提供新鲜的准备好的腐殖质。**肥沃土壤可使作物产生抗病性，反之贫瘠土壤即使在施用化学肥料下，也需要杀虫剂和杀菌剂来协助获得产出。

这一共生体系运行的完整科学解释还有待澄清。在菌根组织中，大自然好像给我们提供了比三叶草根瘤更为重要和通用的一种机制。而在涉及腐殖质的重要性时，大自然事实上把科学和长期耕作经验统一了起来。那些有经验的农民在评论人工肥料的价值时（与优质传统粪肥相比）均会持保留意见。这两种肥料对土壤与作物的效果绝对是不一样的。进一步来讲，人们逐渐认为动植物病害的上升一定程度上与这些人工肥料的使用有关。以往的混合种植农业里人们不知道什么是喷雾器，由于口蹄疫等这些麻烦导致的损失与现在相比也微不足道。菌根组织或许就是导致这些差异的线索。许多试验站因盲目跟随李比希（Liebig）和洛桑实验站仅考虑土壤养分，而未认识到菌根的作用，也忽视了土壤与植物间的相互关系。

未来研究

接下来的研究将对提出的这些观点进行验证。已经开展的工作是对病株进行堆肥，然后在同一块田里用堆制后的腐殖质种植另一种作物。在英国南部有一家大型种植园，正在把患病的西红柿植株堆肥后制成腐殖质肥料，在同一温室里种植第二种作物，结果没有出现发病现象。

将来还需要开展感染试验，以最后确定昆虫、真菌、病毒等并不是产生病害的原因。除了对不同生长方式的动植物开展试验，所采用的试验材料应是植物和动物，要合理筛选，高效管理，并提供肥沃土壤或来自肥沃土壤的饲料。可在这些植物上喷洒有活性的真菌和害虫材料，但不要造成伤害；在牛群中也可引入口蹄疫，但不要造成严重的感染灾害。请相信，这些饱受折磨的动物一定会恢复过来。**当鲁莽的发明者们开展起这些试验时(他们对现存的研究架构不感兴趣)，那些像在英国这些国家已经建立起来的庞大复杂的疾病控制系统终究会瓦解。农民们将从对病害的恐惧束缚中解脱出来，剩下来的就是不停地进行耕作。**

我给自己强加的任务就要结束了。我已经花了 40 年时间深入考察对待动植物病害时需遵循的原理，也依据这些原理进行了实践。现在需要总结这些经验并提供一些建议。

无疑在许多实验站开展的病害方面的工作是一件巨大而昂贵的失败行为，在现有思路下的工作只能把我们引向歧途，应毫不拖延地采取行动回到更切实的轨道上来。

这一失败的原因不难找到，一些专家已经展开了调查。原因就是**病害并没有被作为一个整体进行研究，而是脱离了实践，被分裂或分割限制在一些仅精通与疾病相关的狭窄的特定生物知识的专家哪里，这类专家的做法注定是要失败的。**我们认为考虑到如下两点时就很清晰：①真正的问题——是如何种植健康的作物和如何抚养健康的动物；②疾病的本质——是一个复杂的生物系统的破坏，其中包括土壤以及与之相关的植物和动物。这里一定要把农业作为一门艺术。研究者也必须因此既是一个农民，又是一个科学家，而且必须对所有涉及因素胸有成竹。尤其是他必须警惕，以避免研究一个骗局而浪费掉自己的时间：如研究的题目是因不良耕作而出现的，当采用正确的耕作方法该题目自然就会消失。

在病虫害影响下动植物受挫产生的问题与对这些问题开展的传统研究方法显然缺乏相关联系。一个研究机构若丧失了方向，并允许产生这样一些问题时，应对它本身进行彻底检查。这些检查工作已经开始，现存的农业研究结构也正在受到严格考察，相关结果见第十三章。

参考文献

Howard A. Crop Production in India. Oxford University Press, 1924:176.

The Role of Insects and Fungi in Agriculture. Empire Cotton Growing Review, xiii, 1936:186.

Insects and Fungi in Agriculture. Empire Cotton Growing Review, xv, 1938:215.

Timson S D. Humus and Witchweed. Rhodesia Agricultural Journal, xxxv, 1938:805.

第十二章　土壤肥力与国民健康

上一章我们对农作物和动物感染病虫害进行了讨论。病害通常被认为是大自然对农业系统的惩罚，其主要原因是土壤被剥夺了培肥的权利。当土壤腐殖质被消耗殆尽和得不到补充时，农作物和动物都会先停止生长，随之还会时常面临各种病害。换句话说，农场病害发生的主要原因之一是差的土壤管理。

一种贫瘠土壤上产出的农产品如何影响到那些消费它们的人？这是本章的主题。这里的讨论并不基于全面的研究结果，而是对未来工作的一种假设和积极探讨。由于目前缺乏直接证据和存在一些实际问题，我们也不可能提供更深入的介绍。

研究者很容易在农作物和动物身上开展实验，也不受任何方式的阻碍，在实验中，他有权完全控制实验材料，却不能在人类身上开展类似实验。唯一可信的相关研究是有关营养的实验，需要对集中营、罪犯监狱、避难所的人群进行实验，但人们已对这种利用犯人开展某些实验的做法提出了反对意见。即使人们不反对，研究人员也面对拘禁生活及不正常条件等问题。不管这些研究有什么样的结果，都将不适于整个人类。

也许人们在试图把一块肥沃土壤产出的农产品和消费该农产品的人类健康联系在一起时，面临的主要困难是能定期地从一个好的农场获得这些新鲜的农产品。除了在少数情况下,食物并非按其种植的方式在销售。买方通常不知道食物是如何生产出来的。唯一获得合适材料的办法是研究人员经营一块土地,自己来亲自生产食物。就我所知,还没有这样做的。这一缺陷可以解释为什么我们缺乏直接的相关结果以及人类营养研究为何乏有真实进展。以往大部分的研究工作是建立在使用同一生长条件下的原材料。此外,人们也没有关注食物来源是否是新鲜的。因此,这种研究必然不会有坚实的基础。

除了从营养学实验收集得到的证据,我们还有其他任何有关农业和健康的知识吗?早在罗马帝国开始或发现美洲大陆之前,东方就已建立了良好的农业系统并在当今达到顶峰,这些农业能否提供肥沃土壤和人类健康间的一丝光明?众所周知,中国和印度均有大片种植良好的土地,而且几千年来承载了大量的人口。然而不幸的是,人口过剩和周期性的农作物欠收(主要原因是降雨不规律)使得我们几乎不可能从这两个国家学习到任何经验。历史上人口一直在从一个接一个的灾难中得到恢复;人口过剩作为一个干扰因子,就意味着人们长期处于半饥饿状态,因此强烈地影响着种族和个人。在这种情形下,由肥沃土壤产生的任何收益均会被彻底掩盖掉。然而当人们对印度不同地区人口进行调查时,会发现其 3.5 亿居民的不同种族间存在着明显差异。北部地区人们的体格明显优于南部、东部以及西部地区。我们把这些差异的原因归结为麦卡里森(McCarrison),是他发现食物消费导致了这种差异。从北到东、南、西食物的价值在逐渐削弱,蛋白质的数量和质量在逐渐减少,谷物作为淀粉的消费数量,脂肪的数量和质量,矿物质和维生素含量,以致整个食物平衡都表现一样。

一般来说,在印度北部有一些优秀的种族,他们最主要的食物是小麦,他们用手推磨把小麦磨成粗糙新鲜的面粉,然后做成薄饼。这样小麦中所有的蛋白质、维生素、矿物盐均得到了食用;第二个最重要的饮食组分是新鲜的牛奶和奶制品:澄清的黄油、奶油和乳酪;第三种组分是豆类作物的种子;第四种是蔬菜和水果。他们通常很少食用肉类,除了居住在印度西北部的阿富汗人。

现在介绍一下印度的其他地区,比如东部、西部和南部,均大面积种植着水稻,大米是他们的主食。这种谷物(顶多是一种较差的谷物)一般要先煮半熟,然后碾磨、抛光,再经过许多次的水洗,最后把它煮熟。这样稻谷中大量的蛋白质和矿物质就被去除掉了,维生素几乎全部丢失。另外,人们很少消费牛奶或奶制品,膳食中蛋白质数量和质量均较低,蔬菜和水果食用非常之少。他们的这些膳食缺陷可解释为什么水稻种植地区人们的体质较差。

为了证明这些体征差异是由于食物所致,麦卡里森对幼鼠进行了实验。当给这些幼鼠饲喂健康的食物(类似于印度北部族群的食物),幼鼠的健康和体质都非常好;当饲喂它们水稻区的流行的食物时,幼鼠的体质、健康均表现糟糕;当饲喂它们中等体格地区人们的食物时,幼鼠的体格与健康也居中。其他条件一致下,表明饮食的好坏决定了健康与体格的好坏。

当我们仔细研究不同北部印度族人的健康和体格时,会发现其中最优秀的族群就是亨扎斯人(Hunzas),一个吃苦耐劳、灵活、积极向上的族群,他们生活在吉尔吉特(Gilgit)的一个高山峡谷中,在那里人们建立了古老的灌溉梯田系统,并保持了几千年的较高土壤肥力。这些山地族群与印度北部其他地区族群在食物消费结构方面几乎没有差异,不同的地方在食物的种植方式上。亨扎斯人的灌溉梯田地块小,建造时土壤通气性就很充足,每年灌溉水又带来临近的冰川的细小砂砾,更重要的是他们把所有人的、动物的和植物的废弃物一起做成堆肥后施回到了土壤。土地是有限的,对土地的养护则是细致长久的。这真是一个完美的农业系统,它整合了所有的因素,生产出了高品质的食物,它也是自然的结果。

是哪些人在依赖这些食物生存?在《健康的车轮》(*The Wheel of*

Health)里，伦奇(Wrench)收集了所有可用的信息，并特别强调了这些亨扎斯人非凡的灵活性和忍耐力以及他们温和的脾气和乐观的态度。那些男人可以连续步行100千米到吉尔吉特，做完生意后再返回家乡，毫无怨言。

有关亨扎斯的农业还有一点需要进一步研究。这些山地族群的山地梯田每年都会接收一些新鲜的岩石粉末，这些粉末来自冰川对岩石的研磨，并随灌溉水进到农田里。这些每年增加的细碎矿物质对土壤和植物会有什么好处？我们不知道这些沙砾的成分，如果它包含有细碎的石灰，其价值是显而易见的，如果它是由硅酸盐为主，其可能的作用还有待调查。土壤中的矿物残余是否如腐殖质一样也需要更新？如果是这样的话，那么大自然已经给我们提供了一个现成的试验站，其结果是不可忽视的。也许在未来几年里，一些由上帝派来的达尔文们会现场彻底调查这些问题，并清楚指出影响当地农业和出色健康的所有因素。印度种族和他们的饮食，结合麦卡里森对老鼠的实验，我们觉得健康的最主要的因素是正确的食物，同样地，不健康的最主要因素就是错误的食物。进一步讲，亨扎斯山地族群优异的健康和体格可能与其古老高效的农作系统密切相关。

这些结果提示我们应该研究英国的人口和食物供应的效率。如果一个民族的体质和健康最终取决于精心耕种土地上的新鲜农产品，如果一个落后的农业会导致糟糕的体质和不良的健康，那我们就必须毫不拖延地着手改进我们的农业。

近期我们采取了两种不同的方法来研究英国的食物供应效率。第一种方法是对柴郡(Cheshire)农村和城市地区的人口，进行了时间跨度为25年的研究，基本结论都已记录在案。第二种方法是对佩克汉姆(Peckham)的一些家庭进行了定期调查，以考察其与伦敦城市里一组富裕工人家庭间的一般健康和工作效率差异。

在柴郡(Cheshire)人口研究中所采用的方法和发表的结果是非常原

始的。大约20年前，针对疾病预防和治疗的全国健康保险法开始生效，这项措施使全部人口在1/4世纪里一直处于密切医学观察之下。如果把一个县的专家小组和家庭医生的经验总结起来，则可获得该社区一般健康的有用信息，这些工作已经完成。柴郡的地方医疗和专家小组委员会，跟该县的600个家庭医生有着接触，已通过其医学全书记录了这些经验。他们认为完全有可能提交疾病治疗的相关进展，而疾病治疗实际在国民健康保险法的框架里只是目标的第二部分。毫无疑问，我们已经认识到了如何"推迟死亡"，但疾病上升的情况是十分明显的，也表明在预防这一目标的第一部分我们并未成功。在这方面我们没有任何自满的余地。

"我们的日常工作反复带来同一个观点，即生病源于一生中错误的营养。错误的营养带来四种疾病：蛀牙、佝偻病、贫血和便秘，这些疾病以及其他更多的麻烦是可以通过合理的膳食得到预防的。"举个例子，英国儿童蛀牙十分严重，1936年，对3 463 948名学龄儿童进行检查，多达2 425 299名孩子需要进行牙齿治疗。而在特里斯坦—达库尼亚(Tristan da Cunha)群岛则看不到这种问题，那里人们的饮食就是来自海洋和土壤中的新鲜食物，包括鱼类、土豆、海鸟蛋这样的主食，以及充足的牛奶和黄油，肉类很少，再加一些蔬菜，所有这些食物都没有施用任何化肥和农药。1932年该群岛受检查的156人共有3 181个恒齿，其中只有74个是龋齿。1937年发现人们的龋齿在增多，估计与面粉和食糖的引进有关。

医学全书还介绍了麦卡里森的工作，即通过实验充分证明食物及指导相关知识传播的作用是有效的。这些已在柴郡当地得到应用，结果令人惊叹！以下两个例子可以证明。

1. 在柴郡农村，孕妇的营养每月一次受到当地医生的监督指导。妈妈的食物包括全麦面包、生牛奶、黄油、柴郡奶酪、燕麦粥、鸡蛋、肉汤、充裕的沙拉、绿色叶菜、每周一次肝脏和鱼、许多水果和少量肉。全麦面包由两部分当地种植的小麦粉组成，一部分是用每分钟旋转 2 500 次的钢扇磨磨成的细粉，另一部分是粗小麦胚芽（利物浦工厂的滚筒制成的新鲜胚芽）。面粉烘焙不超过 36 小时，这一点是要严格执行，这样美味的面包就做成了。除极少数情形，多数妈妈是用奶水喂养孩子的，一直要喂食 9 个月，而后慢慢给孩子断奶，大约 1 年左右彻底断奶。哺乳期母亲的食谱仍同怀孕期，婴儿的食物则从早上 6 点开始，每隔 4 小时喂一次，一天共 5 次。孩子们表现非常好，有一口完美的牙齿，睡眠安稳，几乎不可能患上肺病。他们表现出来的最明显的特征是好脾气和幸福感，他们拥有强壮的体格和美丽的皮肤，是正常的孩子。这并不是一项科学研究，只是家庭医疗实践的一部分。没有刻意选择人群，食物也没有进行特殊的种植。尽管存在一些缺陷，但麦卡里森的研究结果表明仅仅通过一代工作该族群已得到明显改进。

2. 一个年龄 23 岁的爱尔兰年轻人，体格健壮，头脑机敏，后来在英国生活 2 个月后发现患上了传染性肝炎，他的饮食主要是熏肉、白面包、肉夹三明治和茶，另外有少许肉类和偶尔的鸡蛋。而他在爱尔兰的食物则是新鲜的天然食物，包括土豆、麦片粥、牛奶、乳制品、蔬菜肉汤和少许肉类。他的饮食换成白面包和复杂的食物后，疾病也随之而来。这个例子表明，不合理膳食会很快丧失健康。

接下来医学全书脱离了纯粹的医疗领域，重点讨论导致健康和免于生病的各式饮食的基本原则或质量。例如爱斯基摩人（Esquimaux）以新鲜肉类、动物肝脏、鲸脂、鱼类为食；亨扎斯（Hunzas）人和锡克教徒（Hunzas and Sikhs）以吃小麦做的饼（chappattis）、水果、牛奶、豆芽和少许肉类为主；特里斯坦岛人（Tristan）以土豆、海鸟蛋、鱼和卷心菜为食。在所有这些案例中饮食有一个相同之处，即食物是新鲜的，没有经过前期处理，海里的食物也是一种天然食品。当食物是建立在农业基础之上时，从土壤到植物、动物和人就形成一个完整的自然循环，没有任何化学品和替代物的干预。换句话说，当海里和土壤产出的天然食品已经逃脱了农业科学的关注和各式各样食品保鲜工艺时，看起来健康就将来临，疾病就不再发生。

医学全书的最后一部分阐述了我的有关肥沃土壤和健康动植物之间的联系内容，也介绍了肥沃土壤恢复和维持的不同措施，并介绍了一系列已开展的例子。这些内容已有详细描述，在此不做赘述。

这本非凡的著作以下面几句话结束：

> 对我们的家园土地进行更好的培肥，就是为了获得大量不断的新鲜食物，以满足人们餐桌的需要。停止当前人们对土壤的耗竭以及恢复和永久保持它们的肥力与我们休戚相关。食物的营养和质量是人类健康至关重要的影响因子，除非我们能获得身体所需的完美食物，否则健康运动就不会成功，目前显然做不到这一点。很可能我们的这些工作都是无用的，因为我们的那些患者一直在按照儿时的习惯饮食，甚至在摇篮以前就开始了，这对于结直肠癌联盟(C3)国家倒是某种贡献。即使在英国相当多的人也以白面包、马哈鱼罐头、干奶为食，为了反对这种饮食结构，医生们不懈的努力着，就如同希腊神话中西弗斯(Sisiphus)所做的一样。这就是我们的医学全书，是写给所有可能关注健康和还未关注的人们。

柴郡总督威廉姆(William Bromley-Davenport)于1939年3月22日在克鲁(Crewe)组织举办了关于此医学全书的发布会，500多人出席了此次会议。在1939年4月15日出版的《英国医药期刊》上整篇介绍了该医学全书，其一经出版即受到整个英国的广泛关注。

伦敦南部佩克汉姆(Peckham)健康中心的威廉姆森(Williamson)和皮尔斯(Pearse)医生也支持了柴郡的相关工作。在研究每月平均工资在3.15～4.10英镑的家庭时，他们对约2万个健康检查案例进行了记录，相关结果发表在近期出版的题目为《搜索素材的生物学家》书中。结果发现，从微小的不适到初期疾病，多于83％的看起来正常的人群身体都存在问题。这些佩克汉姆先驱最重要的贡献之一是揭示了结直肠癌联盟(C3)人群的开端。下一步就要看这些早期的病症多大程度上能通过食用生长于肥沃土壤上的新鲜食物来消除掉。为此佩克汉姆中心应具备:①自己拥有一大块土地,并能生产蔬菜、牛奶和肉类;②在柴郡准备一个磨坊和一个面包房,用于加工生长在肥沃土壤上的英国小麦,以制成全麦面包,这样就可得到大量如亨扎斯山地族群食用的食物。然后对这些食物结构从罐头食品和冷藏半熟熏肉转变为上述新鲜食物的家庭进行医疗记录,其结果一定很有趣。

采用这两种完全不同的方法对柴郡和佩克汉姆地区人口健康进行的研究,取得了相同的结论,即这两种情况下人群都是不健康的,并存在大量的不适、无效率和实际疾病。**医学全书大胆认为食物不够新鲜和农业的不合理方式都是带来健康危害的根源,这为未来的工作提供了一个令人兴奋的假设。**一项行动方案已经建立起来,并预示了未来公共卫生系统建立的基础。

目前已经有一定数量可利用的支持证据。其中有两个近期发生的例子,一个是关于畜禽的,另一个是有关学童的。在萨里的马登公园,伯纳德(Bernard Greenwell)先生将喂养家禽和猪的饲料改为本地产的新鲜饲料(其土壤经过腐殖质培肥)后,他得出了三个重要的结论:①幼仔实际上没有出现死亡;②畜禽总体的健康和福利有了明显的改善;③由于本地的饲料有一些额外的满意性能,用于饲养的食物量减少约10%。在伦敦附近的一个大的预科学校里有两类学生在此进行学习,一类是住宿生,另一类是非住宿生。对这些学生开展了食用蔬菜从施用化肥的蔬菜向施用印多尔堆肥的蔬菜的对比实验,孩子们的父母亲和医学专家对相关结果很感兴趣。以前当孩子们食用使用化肥种植的蔬菜时,感冒、麻疹、腥红热常常遍布于整个学校;现在这些病例仅是一些个例,并来自于外部感染。另外自从使用了腐殖质后,这些蔬菜的口味与品质已得到了明显改善。我们还需要开展大量类似的工作,包括调查英国和北爱尔兰境内的居住社区，如寄宿学校、训练中心、医院部和疗养院，这些社区要满足以下四个条件：①在具备充足肥力和良好经营的农田上种植人们所需的蔬菜、水果、牛奶和乳制品以及肉类；②将没有添加任何化肥的肥沃土壤上种植的剑桥小麦用磨坊、面包烘房加工制成全麦面包；③社区的医疗监督，要仔细选择有预防医学训练的人员来负责；④参与研究的男女对象非常乐意检验医学全书提出的结果，并愿意克服有可能产生的任何困难。在短短的几年里，在人群普遍存在不适的情形下，出现个别的健康问题是可以理解的。有时也不需要对照，只跟周边的农村地区比较即可。详尽的数据统计是多余的，因为这些社区健康的改善不言而喻，也不需要数字、表格、曲线和高等数学的帮助。大地母亲会给孩子们提供所有必需的食物，这时就可应用医学全书第二部分提供的材料。在大地准备接受她的孩子们之前，英国柴郡无疑再次成为领跑者，并且在这个必须穿越的漫长道路上建立了第二个里程碑。在这方面需要长期的研究，有关的健康调查应该离开毫无生气的疾病研究沙漠，转向健康研究，研究人类与环境之间的关系。农业研究也应在重新组织下（下一章会提到），把土壤肥力作为新的起点，为未来的营养研究提供原材料，即来自肥沃土壤的新鲜农产品。拥有农场的大学农学院应该配置部分资源来生产和提供自身食物，以此证明良好的农业土地能够生产出健康的食品。这些农场应该争取赶上北印度的一个部落，然后超越他们。

参考文献

Scott Williamson G，Innes Pearse H. Biologists in Search of Material. Faber & Faber，London，1938.

Howard，Sir Albert. Medical Testament on Nutrition. British Medical Journal，May 27th，1939：1106.

McCarrison，Sir Robert. Nutrition and National Health（Cantor Lectures). Journal of the Royal Society of Arts, lxxxiv, 1936:1047, 1067,1087.

Medical Testament on Nutrition. Supplement to the British Medical Journal, April 15th, 1939: 157; Supplement to the New English Weekly, April 6th, 1939.

Wrench G T. The Wheel of Health. London, 1938.

第四部分

农 业 研 究

第十三章　当今农业研究评论

研究表明在讨论动植物病害时，研究方法与研究结果之间通常存在着某种必然联系。农业研究也是这样，现在必须对庞大的农业科研机构进行审核，以确定其是否与农业问题一直保持着有效的联系。这便是本章的主题。

从布森戈(Boussingault)于 1834 年奠定农业化学基础开始，科学在农业上的应用即进入相对现代化的发展阶段。早先，所有的农业实践革新均是由一些杰出人物开始的，随后他们周围的人才开始学习这些新的方法。也就是说，农业进步是通过模仿取得的。1834 年后，科学研究人员成为探索发现的重要力量。第一个科学进展发生在 1840 年，也就是李比希(Liebig)的《农业化学》经典专著完成的时间，这本专著一经出版立即引起了农业科学家们的关注。李比希是位伟大的人物，是一位拥有天才般想象力、主动性和领导能力的学者，他非常胜任科学方面的工作，并成功地将化学应用于农业中。他发现了两件非常重要的事情：①从植物的灰烬中可以为农作物养分需求提供有用信息；②腐殖质的水提取物蒸发以后很少或者基本没有残留。植物中的碳是通过绿色叶片从大气中吸收的，一切都似乎证明了土壤和土壤溶液在作物生长过程中起着至关重要的作用。所以只需要分析植物灰分和土壤养分，然后向土壤中施用植物生长所需的盐，就能实现作物的最大产量。李比希研究发现腐殖质理论是站不住脚的。根据腐殖质理论，植物生长的养分主要来自腐殖质。但李比希相信这种观点是片面的，因为腐殖质是不溶于水的，因此也就无法影响到土壤溶液。

在对腐殖质理论进行攻击时，李比希对他的理论基础非常确信，因而也就没有通过实验来验证他的结论。但他没想到的是，腐殖质理论有可能是错的，但腐殖质本身的价值都是不容怀疑的。和后来他的很多学生一样，他未能重视表层土壤包含着非常多有活性的腐殖质，也没有意识到田间实验应该在移除顶部 20 厘米左右土壤后在下层土壤开展。当时的这类实验主要用来确定化学肥料是否足以满足作物的所有养分需求。如果没有这样做，任何作物的产量可能都会受到土壤中腐殖质的影响。未能理解这一显而易见的事实是李比希和他的学生们误入歧途的主要原因。

李比希没有意识到农业实践中所获得的第一手信息对一个研究者的重要性，而且他也没理解过去农民实践经验的重要性。从这方面来看，他只能胜任科研方面的工作，毕竟他不是个农民；作为农业这个古老行当的研究者，他也只能算是半个农民。他无法同时将科学和实践这两个完全不同的方面结合起来考虑问题，他的这种思考问题的片面性对之后几百年的相关科研活动造成了负面影响。1843 年建立的英国洛桑试验站就深受李比希的影响，著名的博德班克(Broadbalk)实验吸引了农学界的广泛兴趣，该实验非常生动、系统而又引人入胜，直至 19 世纪末一直主导着伟大的农业化学时代。1840—1900 年这一时期，农学只是化学的一个分支，实验站开始施用各种人工肥料，并且已确定了氮、磷、钾在土壤溶液中的重要性，这一时期也可以称为氮、磷、钾肥料的诞生期。

对化学肥料开展的试验，将研究人员的注意力从实验室转移到了土地上，他们开始频繁参与到实践中，他们的视野和经验得到了扩展。其中一个结果是发现了化学科学的局限性，即通过化学分析表明土壤养分的匮乏并不能完全靠施用人工肥料得到补偿，作物生产的问题也不能仅靠化学方式来解决。土壤的物理结构开始予以考虑，希尔加德(Hilgard)和金(King)在美国的开拓性工作，导致了土壤物理学这一方兴未艾的新兴学科分支的产生和发展。巴斯德(Pasteur)对发酵和相关问题的研究，描绘出土壤是细菌和其他生命的栖息地，向人们展示了一个全新的土壤世界。达尔文(Charles Darwin)对蚯蚓的有趣研究，让人们认识到土壤具有复杂的生命活动。维诺格雷斯基(Winogradsky)发现了与有机质硝化过程相关的生物并且确定了其在纯培养基中保持活性的必需条件。这样，农业科学的又一个分支学科——土壤微生物学出现了。就在土壤生物学和土壤物理学被广泛研究的同时，一个新的土壤科学学派在俄罗斯兴起了，土壤开始被认为具有独立的自然发育过程，它因气候、植被、地质成因不同而有不同的形态和结构。目前，主要基于土壤剖面的土壤分类系统和相应的系统命名方法，已被广泛的接受，一个新的土壤科学的分支——土壤发生学出现了。李比希的土壤肥力的概念在逐步扩大，很明显土壤产出的增加并不局限于任何一门科学，而是包括了至少四门学科：化学、物理学、细菌学和地质学。

20世纪初，研究人员开始更多地关注影响作物产量的主要因素即植物本身。科伦斯(Correns)对孟德尔(Mendel)定律的重新发现，约翰森(Johannsen)对物种概念以及选育良种重要性的认识，均直接引发了对栽培农作物的近代研究。在这些研究方面，俄罗斯做出了突出贡献。全世界都在为植物育种家遍寻各种各样的种质原材料，研究领域正不断扩大，包括根系系统、根系与土壤关系、植物抗病性以及植物内在遗传特性等。在过去的40年里，将植物科学应用于农业取得的实践成果也是非常可观的，比如加拿大桑德斯(Saunders)的工人们培育出了马奎斯(Marquis)这种早熟的矮秆小麦品种，很快便在加拿大和英联邦临近州的12 140万亩土地上广泛种植，这也是目前为止最成功的小麦杂交品种。在澳大利亚，法拉(Farrer)培育的新小麦品种也很快被广泛种植。

在英格兰，剑桥大学培育的新的杂交品种正在小麦种植区推广。在印度，普萨小麦生长在上千万亩的土地上，到1925年小麦新品种种植总面积已达到15 175万亩。与这些育种研究投入成本相比，农作物产出增加很明显要高出最成功的工业企业收益的许多倍。由比文(Beaven)培育的啤酒大麦新品种，多年来一直是英国乡村的一大特色品种；在印度南部的哥印拜陀，由巴伯(Barber)培育的甘蔗新品种很快取代了印度北部的甘蔗本地品种。而棉花、黄麻、水稻、牧草、苜蓿和其他许多作物新品种也已经培育出来了，旧品种正在被逐步地取代。尽管如此，通过改变品种对农作物产量增加的贡献通常还是比较小的，如同在下面章节看到的那样，目前农业的主要问题是这些新品种的精耕细作，以及如何最好地实现新品种和肥沃土壤的结合。如果不这样做的话，新品种的价值只能是短暂的，增加产量将只能通过不断消耗土地资本为代价，植物育种者的辛勤努力也将化为泡影。

在这里，还应该简要地提及一些其他方面的进展。由于第一次世界大战的爆发，很多工厂忙于将大气中的氮固定下来生产大量的炸药，以保护自己和破坏敌军；到了战后他们就不得不要寻找新的市场，加上战争时期由于过度耕作所形成的大面积的贫瘠土地，大规模生产价格低廉和质量可靠的氮肥，就成了快速增长的市场需求。磷肥和钾肥的需求也一样，含有各种作物所需养分的人工混合肥料可以在世界各地购买到。随着肥料销售的迅速增长，多数农民基于施肥计划会很快制定出最便宜的氮、磷、钾或复合肥的组合。在过去20年里，人工肥料行业发展非常显著，“肥料袋时代”已经来临，李比希的传统理论强势回归。

为考察这些人工肥料及新品种的效果，人们进行了大量的田间试验，但因其数量多、变化大，得出的结论常使人感到困惑。只有对这些数据结果进行仔细考察，才可能证明或推翻其中的一些或全部结论。很明显需要对这些实验结果进行整理，并确保其可靠性，这就需要借助成熟的数学辅助手段，如实验小区要设定“重复”，并要“随机”设定，所得出的实验数据也需要严格的统计学检验，只有那些经过高等数学严格检验过的结果才能被接受。但这些方法里有一点缺陷必须要提到，即小地块和大农场的情况是截然不同的，不可能用管理一小块地的方式去管理一个农场。这时家畜和土地之间的基本联系已经不复存在了，维持良好农场的法则是进行适宜轮作，小地块就无法用来保持土壤肥力了。**小区实验和农场已没什么关系，被分隔开的小区甚至连它所在的那片地都代表不了，因此不能从小块地出发去着手研究所有的农业问题。**这样，任何从施用人工肥料的小块土地上所获得的研究结果，都不能适用于整个农业。如果说本质上这种方法就有缺陷，那么将高等数学应用于该方法中还有什么有利的方面么？

随着人们开始施用各种人工投入品，农作物和牲畜的病害就在不断增加，对此我们已经讨论过，在这里再次提及是为了提醒读者这方面的研究很多，包括已完成的和正在进行中的。

将数学应用于农业的同时，另一个分支学科也发展起来，就是经济学。为了减少农业支出以获得更多收益，对所有环节包括施肥、防治病虫害都要进行审核，以确定成本和利润。成本核算是无处不在的，任何实验和创新的价值主要是由土地收益决定的。考查农场和工厂的产出都基于利润的多少，从这方面来看，农业已加入了工业的行列。

农业科学的确是发展了。在仅仅40年的时间里，世界范围内已建立起了庞大的科研机构、实验农场和一些地区组织（把研究结果向农场社区推广）。由于农业研究是在一些研究先驱的零散工作引导下建立起来的，检验和确认这些方向是否得到坚持是非常有趣的。目前的研究组织是否有利于对巨大生命复合体的科学探索？或仅仅是揭示一些具体现象？它是否有用将通过相关结果来证明，如果它的价值仅仅存在一段历史，那么它的变革就经不起时间考验。

1938年，英国出台了两份文件（即农业研究理事会的组成和功能、英国农业研究报告）有助于帮助人们了解该国的农业研究概况，文件详尽描述了官方研究及资助的基本架构、流程和组织方式，以及如何把科研成果推广给农民。除财政部和枢密院(Privy Council)的委员会外，行使职权的还包括其他至少三个组织：①农业部(负责管理研究经费)；②发展委员会(负责审查和申请资助，并协调由国家资助的农业研究)；③各研究机构，负责科研的具体实施。

这些研究机构共有 50 个，包括下述三种类型：①政府实验室或研究站；②附属于大学或大学学院的研究所；③独立机构。

其中大部分是于 1911 年成立的，主要从事各农业科学分支学科的基础研究，如农业经济学、土壤学、植物病理学、动物遗传与遗传学、动物生理学和营养、动物疾病、乳制品研究、食品保鲜和运输、农业工程和农业气象学。这些机构可以再分为四类：背景研究(研究基本科学原理)、基础研究(研究机构认可的研究范围)、专案研究(具体实际问题的研究，如口蹄疫控制)和试点或发展研究(如植物新品种研究)。

研究结束后，就要对研究结果进行推广。其中第一步，是在 16 个省通过省级咨询服务(Provincial Advisory Service)中心开展工作。每个咨询中心有 1～7 个咨询人员，他们利用自己的专业知识服务于各县级农业部门和农民，各县级农业部门则为农户提供免费的科研信息；大多数县也支持农业研究所提供技术教育，而且也有自己的实验农场。此外还包括 2 个国家研究所和 9 个国家咨询办公处，这些研究所和办公处提供昆虫学、真菌学、土壤科学、动物健康、动物营养和遗传学、植物遗传学、水果生产、农业寄生虫学和奶制品业等方面的信息和文献检索服务。英国农业研究人员总数约 1 000 人，1938 年英国政府对农业科研的支出总额约 70 万英镑。这些支出约占总支出的 90%，其余 10%来自地方政府、大学、市场理事会、私人公司和个人、农业协会、收费以及农产品销售所得。而农民们呢？即使有销售理事会的组织，他们也并没有认识到农业科研的价值，更不用说为研究捐助了。

因此从 1911 年以来，一个有权威的、综合的、代价高昂的组织架构已逐步成长起来，至少有7个中央政府的机构负责农业研究的相关事宜。而且这些机构的成员必须花大量的时间和精力来不断了解科研工作者们的报告、备忘录和他们提供的信息。政府发挥重要作用的一个方面就是在1934年成立农业研究理事会(Agricultural Research Council)以来组建了委员会，包括起初成立的6个常设委员会，以对现有研究工作进行调查；然后还会出现一批新的委员会对初步调查结果进行深入研究。除了6个常设委员会外，还有不少于15个科学委员会处理最重要的研究分支问题。这15个委员会中的12个会关注作物和牲畜的病害问题，这也是目前委员会最为关心的问题。

我们真的需要这么多的机构么？介于财政部(即决定多少经费可以资助)和研究机构之间，像农业部那样的单一机构，会不会妨碍管理呢？请记住，研究最关心的是谁在具体执行，一旦这些问题解决了，其他就不需要了。这时官方机构所提供的最好服务是呆在幕后，并且在工作人员随时需要支持的时候帮助他们。由此可以得出结论，简朴和谦逊必须始终成为监管部门的基调。

研究机构的一个严重缺陷是在一开始的时候，只基于某一特定学科来组建，而非基于公认的农业分支。这样，工具(即科学)和对象(即农业)又一次失去了联系。在这些研究所里的工作人员都把自己局限于某些他们专长的领域，研究很快变得各自为政，来自第一手实践经验的影响已不重要，反倒成了另类。这些研究机构的报告描述了众多研究人员忙于其专长的活动，并专注于越来越多细枝末节的学问。总的来说，这些机构的最突出特点是把研究主题细化成一个个小的分支。诚然，他们也通过组建研究小组和队伍来协调这些活动，但这种做法很少能成功。另一个令人不安的问题是科学与实践之间的隔阂。的确绝大多数的这些机构拥有一个农场，但这主要是设立永久实验站的缘故。我只知道在英国阿伯里斯特威斯(Aberystwyth)，科研工作者可以根据自己的意愿管理自己的土地和工作人员，别的地方的研究人员有这么大的自主权么？即使在阿伯里斯特威斯实验站，这种模式在牲畜到来后也停了下来。已有改进过的牧草品种及其种植方法不再延续，因为有一群健康绵羊要卖出去，还要进来一批优质动物用于繁殖。

官方机构有没有自己提出过这些问题？未来的“查尔斯·达尔文”或“路易·巴斯德”们会对这些研究机构有何反应呢？如果情况迫使他们继续留在这样一个组织，从事一些科学片段的工作，他们的命运将会怎样？科研工作过度细碎化怎么能提供推动科学进步的自由氛围？在研究农业科学时将科学研究和农业实践分隔开真的合理么？这种研究组织方式难道不是矛盾的吗？因为研究人员都是天生的而非制造出来的。了解官方对这些问题的反应是非常有趣的。

那些研究组织是如何光顾种植农户的？要知道正是后者创造了共同的利益。农民们抱怨说，研究人员根本就不了解真正的农场需要和现实情况；研究结果被埋在学术期刊里，并用难以理解的语言表达着；这些论文研究的都是些随意选择的零碎题目。而且这些研究机构在回答农民询问时很麻烦，不能给农民一个快速的反馈，还有就是没有示范农场，在那里可以让农民看到解决当地问题的实际办法。

针对这些反对意见似乎只有一个有效的答案，即实验站的工人应采纳自身的意见，通过实验得出自己的结论，并把研究成果应用于自己的土地。这一简单的办法可以保证在世界范围内赢得尊重并能吸引农场的注意力，他们对这样的信息的反应总是慷慨和直接的。但在英国，政府有着不同的立场。官方认为需要向民众普及这样的观点：实验站是科学知识的军械库，并需要向农民不断解释，让他们理解其益处。基于该观点的绩效评估计划（PEP）报告指出：管理者的主要任务之一是确保科学知识包括最近的研究结果能带给农户，并让农民能理解它和在自己的农场上得到应用。而推动其的最有效的方法就是对这些研究进行示范，以确定其实效。这些简单的措施会让评论家和嘲笑者们闭上嘴，任何形式的延误只会火上浇油。毕竟一个每年需要花费国家70万英镑的研究机构承受不起人们对其行动的质疑,来自农场的抱怨必须给予消除。

现在,英联邦的其他国家已普遍采用了相似的体系,但还存在一些差异。官方机构相对比较简单,没有明显增加部门和监督委员会,从财政部到农场主的距离短了很多。但研究系统仍与英国非常相似。目前有一种趋势,是将研究机构分为两类:基础性研究和地方性研究,并依托分支学科之间的联合,倡导团队而非单打独斗。但科研活动由某一个有能力的研究者来掌控还很少见,除非这个研究人员具备土地、充足的条件和充分的自主权。

1927 年在英国伦敦举行了一次会议,强调建立基础性研究实验站间的国家合作网络。但在这项报告公布后没多久英国便发生了金融萧条,影响了该计划的实施。预期中的五六个较高水平的研究所中只有两个加入到最初的合作网络中,一个是西印度群岛(特立尼达),另一个是东非(阿马尼),而且这些合作网络有时被不太尊敬地称为“珍珠链条”。

有两个例子足以说明目前在这一基础研究工作中所采用的方法。这些例子来自杰弗里埃文斯(Geoffrey Evans)先生最近的一篇题为“热带农业的研究和培训”的论文,该论文发表于 1939 年 2 月 10 日的皇家艺术学会杂志上。杰弗里先生在解释特立尼达岛的国家热带农业学院进行的研究时,选取了可可和香蕉方面的工作。他着重强调了团队合作的优势,这也是我们当前要检验的一种研究方法。这些特立尼达的研究例子并不孤立,在印度和英国还有很多这样的例子,类似的工作可以收集一箩筐。

1930 年,在特立尼达开始的一项可可研究主要集中在植物学和化学两个方面,通过对可可植物的初步研究,发现其有很多不同的品种,而且它们在产量和质量方面存在很大差异,因此选择了 100 棵树进行改良研究。由于可可树并不是从种子发育而来的,所以首先研究了扦插芽这样的营养繁殖方法。通过观察传粉机制也发现,可可树常常是自身不育的,许多树种需要在结籽前进行交叉授粉。岛上已开展过大量的田间施肥实验,同样也进行了土壤的详细调查。有关可可豆的生物化学研究得出的结果是复杂而让人困惑的,可可豆丹宁含量和质量之间并没有什么相关性。这个学院的经济系也调查发现了这样一个有趣的事实,即可可种植园在25年会达到其顶峰,然后便开始衰退;随后对这种衰退的原因进行了研究,并提出了用高产品种更新来恢复老种植园的系统方法。但是,这些可可园的衰退更可能是由于贫瘠的土壤所造成的,因此这种方法也就不可能成功。病虫害开始光临可可园,昆虫学者和真菌学家被请来防治一种被称为蓟马的害虫和一种丛枝病,这种病使西印度群岛遭受了很大损失。

在特立尼达岛针对香蕉的研究,其原创性贡献在于香蕉巴拿马病(病原为香蕉镰刀菌)的暴发。该病普遍分布于西印度群岛和中美洲国家。当真菌学者弄清楚这种病害的本质后,人们就展开了具备免疫和抗病品种的寻找。通过作物育种、无籽成因调查、大量种苗繁育和寻找理想亲本,就可以培育出具有抗病、无籽、优质、耐储藏、便于运输的新商品香蕉品种。在这项工作中,英国皇家植物园工作人员的援助功不可没;由于涉及西印度群岛香蕉病害(包括病毒)的防治,当时主要从马来半岛(Malaya)[香蕉的原产地——格罗斯米歇尔(Gros Michel)]和其他地区进口了香蕉育种所需的各种材料;另外他们也着重调查了香蕉在运输过程中的成熟问题,包括在气调储存时的呼吸过程研究以及湿度的影响,冷却对香蕉成熟的影响也受到关注。

这些有趣的研究其目标就是提高可可和香蕉的产量和品质,这些工作也一直以团队协作而闻名。他们中有植物学家、化学家、真菌学家、昆虫学家和经济学家,他们都为此付出了大量经费和时间。

不少研究者在针对热带农业存在的许多重要问题开展工作,并采取了其他地方常用的研究方法。人们对可可和香蕉的许多方面都进行了研究,有关研究方法都已建立起来,显然研究者们不遗余力想取得成功。然而,结果并不乐观。有关分析文件指出这些问题的解决还在方案设计阶段，能够取得实际效果的建议很少。目前无论是可可还是香蕉产业都刚刚起步。

除了上述考虑，我们还应认识到以下几点：①西印度群岛现有的可可和香蕉的种植办法；②疾病发生情况表明，所有种植园均未解决好这些问题；③可可和香蕉种植的最佳案例出现在东方国家，即通过施用农场厩肥和实施精耕细作，就可获得健康的农产品。尽管也存在怀疑，但显然特立尼达(Trinidad)研究中有一些重要因素被忽略了。如人们忽略了可可树对腐殖质的明显反应，也没有注意到可可树和香蕉树根系菌根组织的重要性，另外由于养殖不足使得西印度可可、香蕉种植与养殖间难以建立起平衡，由于没有适合菌根形成的条件，从而导致大量烦人的植物病害产生和无休止的防治。

印度和锡兰最好的香蕉和可可的种植实践表明，如果要获得优质和满意的产量，且要维持果园健康，其中关键的两个因素是必不可少的：①良好的土壤通气性；②经常施用由新鲜动植物残体制作的腐殖质，这些腐殖质可用来保持有效的菌根组织。缺乏对上述任一因素的关注，立刻会导致产品质量下降，收益减少，且作物会遭受病害。解决西印度群岛的这些问题，较好的办法就是采用优良的耕作方法，包括作物和牲畜之间的适当平衡，以及把所有可用的植物和动物废物转化为腐殖质。

特立尼达调查报告被当作是“一个成功引导学生调查员开展合作的例子”。事实上，任何研究工作均需要许多专家在相当长的时间内合作完成，而且如果只关心作物的产量和质量，许多科学工作即使由一些有能力的人员来完成，其研究结果也是消极的。

我们不难看出这种方法的弱点，其问题是从来不把研究对象设想为一个整体，而是在开始某些分支学科研究之前，从各个角度进行田间考察。目前作物改进的方法均期冀来自于实验室研究，而不是贯穿整个农业研究历史的田间研究，这时对这个研究团队的控制必然十分松散。另外研究通常是由行政部门的人员在管理，而非具有实践经验的人员，人们也缺乏对研究方法的培训。他们往往有其他的重要职责，没有足够的时间思考这些问题。他们无法亲自就田间的情况做出正确的判断，他们唯一的办法就是不断地增加专家，以希望这些专家能发现一些新的内容，并引领他们找到解决问题的方案。几乎可以肯定的是，在解决西印度群岛的问题时，如果一个调查者一直将他实际的农业知识与广泛的科学训练相结合，如果国家给他提供研究所需的土地、资金、设施及完全自由的调查研究权利，那么杰弗里埃文斯(Geoffrey Evans)爵士会告诉我们一个完全与众不同的故事。在特立尼达学院的学生看来，如果同时描述这两种方法结果可能会更好，即由一个单独研究者配备充足的设备来研究香蕉，而可可则由一团队来研究。这样，任何时候都可以弄清这两种研究方法的优缺点。很可能我们会得到如下两点结论：①研究者的唯一原则，就是研究已经确定的问题；②团队工作将不再被视为是一种有效的研究手段。

团队工作对细碎化研究产生的难题没有提供任何解决的方案，且团队的工作网络经常会漏洞百出。这种对问题研究的细碎化还伴随着其他缺点吗？如果我们审视当今农业的主要问题，这个问题马上就能得到回答。**两个英国的例子就足以证明，研究的细碎化和专业化的必然结果是使研究工作迷失方向，科学在迷宫般的细节里也迷失了自身。**

由枯萎病、线虫及病毒导致的马铃薯种植的退出是英国农业最令人不安的事件之一。我们的一种最重要的粮食作物，目前在户外若没有一种铜盐薄膜的保护已无法种植成功，于是人们建立了一个新的缺少马铃薯的轮作体系，直到线虫囊肿从土壤中消失，然后才能在此种植马铃薯；在苏格兰、威尔士或者北爱尔兰经常需要更换马铃薯种子。很显然，某些事情在某些地方一定发生了严重的错误。因为在全国各地成千上万肥沃的菜园里生长着健康的、没有病害的马铃薯时，对马铃薯问题开展的细碎化农业科学研究则开始了不同分支的研究。马铃薯疫病属于真菌学家的研究范畴，有一组研究人员则在研究线虫，研究病毒的人们建立了一个专门的实验站，负责培育和测定抗病品种的人们又成立了独立的分支机构，而施肥和普通农艺则属于农学家的研究范围。工作人员的增加不仅没有弄清这一宽泛的生物学问题，反而起到阻碍作用。事实上，这些马铃薯疾病的普遍存在，也意味着土壤管理的某些失败。显然，面对这些失败首先应确定引起失败的原因，而不是斤斤计较于管理上的失误。最终结果是，所有这些外围工作都没有解决如何种植健康的马铃薯这一问题，这是因为整个工作已完全失去了方向。

同样的故事也出现在施肥研究中，即细碎化研究再一次导致迷失了方向。尽管在制定合理的施肥制度时，自然森林系统和泥炭沼泽系统均为人们提供了可借鉴的例子，但农业科学同样对此进行了细碎化研究。近百年来，一些有才能的研究者都投身到了土壤养分的研究中，包括微量元素如硼、铁和钴。绿肥的使用是一个独立的课题，农家肥和普通堆肥的准备也较为独立。人们对施肥的投入与产出的关注远超过对施肥质量问题的关注。**施肥的两个实质问题，即土壤肥力的保持和产品的质量都被忽略了，都是因为研究方向的迷失。**

坚持定量化的分析结果是农业科学研究中的另一个缺点，其对农业研究影响极其深刻。例如化学和物理学科中，精确的记录就代表了一切，即这两门学科都要求通过数值记录来进行精确判定。但是，农作物生长和牲畜的饲养都属于生物学，在这里一切都是活的，并且是从化学和物理学分离出来的领域。许多与土地相关的事情，如土壤肥力、耕作、土壤管理、产品质量、动物的繁殖和健康、牲畜的日常管理、老板与雇员之间的工作关系、整个农场的团队精神等都不能被称量或测定。这样它们的存在就是一切，缺乏它们就意味着失败。为什么这样一门学科还要强调称重、测量以及数据统计的解释？一个平均值(定量结果和统计方法)和调查主体(作物生长或牲畜饲养)是不是完全脱离了关系？在实施农业所有活动，包括实验站进行的活动时，研究者能确定对作物和动物生产已采取了所有可能的措施了吗？一个相互作用的系统，像农作物和土壤，依赖于多种因素，且日复一日，年复一年在不断地变化着，它能够按照精确的数学计算产生出定量的结果来吗？

农业研究中经济学的介入很自然地带来了定量方法的使用。这是一个成功模仿工厂和商店成本核算的例子。比如在一个制造钉子的工厂里完全可能也确实可以对原材料和制造成本，包括劳动力、燃料、管理费用、损耗等，还有产出量等，确定采用何种定量方法以及在哪一个环节来节省成本并能加快进度。原材料、产量和库存可以准确地计量。在短时间内一个头脑精明的制造商能知道生产过程中每一个步骤的费用，甚至能精确到小数点后第四位，这是因为一切都是可计算的。在普通商店里类似的操作可以简化写在一页纸上，财务室的工作人员可以算出效率是否轻微下降及利润是否增加。大约 30 年前人们就自然地把这些法则运用到大地和农民身上！结果是花费了大量资金开展一种基于猜测的农业经济研究，因为土壤这部机器的秘密实际上还没有完全被揭开，我们对土地的了解也知之甚少。几乎每一项农业经营活动都会增加或减少土壤肥力资本，土壤肥力本身是数量上未知的，而增加或减少的数量也是未知的。任何有关收成的实验结果都几乎可以确定，是部分土壤资本向农场损益账户的转移。这些农业活动的经济学只能基于纯粹的猜测，结果并不值得写在纸上。一个农场唯一重要的是以下几点：农户的信用，换句话说就是其他人包括他的雇工和他的银行经理如何看待他，每年的总开支、每年的总收入和年度评估、年末土地状况以及牲畜的生死状况。如果这些都令人满意则其他任何事情都不重要。如果情况相反，就不要支出任何东西了。

经济学家们除了收集没用的数据以外，还对农业造成了很大伤害。农业已经被当作是一个工厂，农业也被视为一个商业企业，更多的是强调利益。但**农业与工厂的目的极不相同，它必须要提供粮食，以使人类种族可以生存兴旺。最好的结果是粮食新鲜以及土壤肥沃，质量比产量更重要。因此，农业对于人类来说，与饮用水、新鲜空气和气候保护是一**

样重要的。我们的水供应并非不赔本,绿化地带及休憩用地也不能产生利润,我们的住房制度往往是不经济的。那么,为什么更依赖于水、氧气或温度的粮食生产,却给予了完全不同的对待?**不管发生任何事情,人类必须要得到食物保障。为什么我们不作出最大的努力以使人类得到合理的保障?**为什么忽略粮食问题在一个国家里的基石地位?在人类生活中粮食必须始终排在第一位,而财政只是一个次要问题。没有坚持这些基本道理并给出错误的判断应是经济学家的罪过。

现在的科学通过采用新品种、便宜的速效肥料和深耕机械榨取着最后一磅土壤;它们使母鸡产蛋到死,使奶牛毁灭在牛奶的海洋里。对这些情形我们不应仅仅对涉及的机构做出一些判断。**农业研究被滥用来改造农民,使之不能成为一个好的粮食生产者,却成了一个专业的强盗。他被教育怎样用牺牲后代子孙的办法将土壤肥力和他活着的牲畜上的资本转移到他的损益账户上。**这种行为在商业上必以破产告终,在农业研究中他们只会导致暂时的成功。只有当土壤始终有收成时,一切才能顺利。土壤并不能永远保持肥沃,当土地最终被消耗殆尽时,真正的农业也就消失了。

在下一章,我们将讲述未来农业研究的一些案例。

参考文献

Carrel, Alexis. Man, the Unknown. London, 1939.

Constitution and Functions of the Agricultural Research Council. H M Stationery Office, London, 1938.

Damper, Sir William C. Agricultural Research and the Work of the Agricultural Research Council. Journal of the Farmers′ Club, 1938:55.

Evans, Sir Geoffrey. Research and Training in Tropical Agriculture.

Journal of the Royal Society of Arts, lxxxvii, 1939:332.

Liebig J. Chemistry in its Applications to Agriculture and Physiology. London, 1840.

Report of the Imperial Agricultural Research Conference. H M Stationery Office. London, 1927.

Report on Agricultural Research in Great Britain. PEP, 16 Queen Anne's Gate. London, 1938.

第十四章　农业研究的成功范例

在上一章，当今农业研究受到了严厉的批评，它的许多缺点都被一一列出，也提出了一些建议希望能逐步改进。在 1908—1935 年将近 27 年的时间里，印度成功地进行了甘蔗作物的研究，如果我们仔细考察该项研究，就会发现这些批评是有道理的。

1910 年，北印度甘蔗的研究主要集中在联合省，那里是工业相对集中的地区。当地细窄叶状的甘蔗品种在热季刚开始的 3 月份进行灌溉种植，在次年比较冷的季节（1—3 月份）经畜力挤压茎秆，挤出的汁液就可在敞口平底锅里转化为粗糖。这些甘蔗的产量比较低，平均每亩只有 165 千克多一点。当地政府决定把发展原糖工业这项工作交给克拉克（George Clarke）先生，他当时是一位农业化学家，后来的事实也证明，这个决定是对的。克拉克把一流的化学知识、普通科学知识与大量的实验研究经验结合在了一起，他的研究还得到了诺丁汉大学学院的基平（Kipping）教授和曼彻斯特理工学校的波普（Pope）教授的指导。另外克拉克作为南部林肯郡一个农民的儿子，他从祖先那儿继承了熟练的农业操作技术，他本人也有非常良好的农业实践经验。因此他具备了一个农业研究者所必需的三个初级资格：一个好农民的必备素质是经受过良好的科学培训并熟知研究方法，而且他还拥有正确判断的天赋、提出问题的能力和解决问题的韧性，他能领导人们寻找答案，并能坚定地融合到农业实践中。

克拉克非常幸运地结交了两名印度官员，即巴那基(S C. Banerji)和辛克(Sheikh Mahomed Naib Husain)。巴那基是秩序和效率的典范，要求做事精确，有吃苦精神，近乎超越信仰，他负责管理实验室。辛克则是个性格完全不同的人，他性格暴躁，精力充沛，创新意识强，其一生的兴趣都倾注在沙贾汉布尔农场和作物种植上，并不遗余力地去获得成功。这两个人贡献了他们毕生的精力，并希望通过努力获得成功的桂冠，沙贾汉布尔农场可能是迄今为止印度农村发展获得成就最显著的一个案例。在印度从没有欧洲官员有这么忠心耿耿的助手，之前也从来没有人这么献身于农业。我目睹过他们的许多工作，也见证了他们帮助建立的最朴实而高效的农业机构的发展历程。而他们却没有听到来自另一个种族同行真诚的赞赏和钦佩，这对我来说是非常遗憾的。

直到 1912 年，联合省科学官员与农业进步实践间的相互分离现象仍十分常见，人们不知道如何将科学问题与实际问题有机地结合起来以解决甘蔗种植过程中存在的难题，同时人们也并不认为在设计和实施任何改进计划之前，相关科学研究者要种植该作物并了解当地农业。因此 1911 年，当克拉克提出需要提供一个农场进行科研试验时，人们就有很多的争议和惊讶。这件事后来被提交至印度全国农业委员会，委员们对该提案提出了严厉的批评，农业委员们认为科研工作者不应该拥有土地，科学界代表则认为如果他们中的一些人参加农事的话，将可能失去种族的尊严。

1912 年，我碰巧在联合省出差，这件事到了做最后决定的时候。农业部长征求我的意见，我坚决支持克拉克的建议，并向当局保证：如果政府为这些农业化学家提供科研所需的农场，并且给予他们充分的自主权从事愿意奉献自身的科研工作，其目标一定会实现的。这一天终于等到了，1912 年一个专门的甘蔗农场在靠近沙贾汉布尔的坎诺特(Kanout)河岸建立了，并建在通往城镇的一条主要道路旁。1912—1931 年的 19 年间，除了他身兼的三个职位外，克拉克一直在负责沙贾汉布尔农场。这三个职位是：农业化学家(1907—1921 年)、农业大学校长(1919—1921 年)和农业署署长(1921—1931 年)。1912—1921 年，他几乎每个周末都在沙贾汉布尔，直到 1921 年他成为农业署署长。那段时间里，从每年圣诞节到次年的 3 月份他都呆在农场，这时候正是收获和种植甘蔗的季节。正是在此期间，他获得了印度农村、农民、农田和相关农业问题的第一手资料。这些对他后来响应号召并推动蒙塔古-切姆斯福德(Montagu-Chelmsford)改革早期的农业发展是非常有利的。

印度最重要的食糖产区是在该国北部，处在一个约 800 千米长的喜马拉雅山边缘广阔的冲积地带上。它始于比哈尔邦(Bihar)，一直延伸到旁遮普邦，最大的产区是在联合省的哥拉克布尔(Gorakhpur)、密拉特(Meerut)和罗希尔肯德(Rohilkhand)区。这些地区的土壤适于栽培农作物，也非常适合甘蔗的根系发育。但这些地区的气候条件对甘蔗生长并不十分有利，因为甘蔗的生长期很短暂，只局限在 6 月下旬至 9 月间，其间正好受到西南季风影响形成了湿热条件。雨季之后便是寒冷季节(10 月 15 日至次年的 3 月 15 日)，降雨量变得很少。3 月中旬后，天气又变得非常炎热和干燥直到迎来 6 月份的降雨。所以通常在 2 月底炎热天气里种植甘蔗时是需要灌溉的。

1912 年开始工作的时候，联合省 95%的甘蔗产区的甘蔗产量(削去皮)只有每亩 2 吨，只够生产 165 千克的原糖(粗糖)。在雨季开始的时候，这些甘蔗地处于休耕期，要用本地犁犁出 15～20 个浅沟，以便种植甘蔗。和许多其他印度农作物一样，人们已经在甘蔗地上建立起一个良好的种植平衡体系，他们通过长期的实践探索找到了平衡本地品种种植方法和经济价值间的一种做法，其中种植方法、氮素供应和种植品种之间需要相互匹配。这些当地品种已经种植了至少 2 000 年了，在气候条件好的季节，甘蔗长得秆细、植株矮小、汁液中纤维素多且含糖量高。另外当地甘蔗属野生品种数量也要比热带国家的粗秆品种数量多，人们一般要把5或6个品种的甘蔗种植在一起，每一个都有各自的名称，通常这些名称依其质量不同用梵文来命名，每一种都很容易被人们所识别。

一种在罗希尔坎德地区种植的甘蔗品种首先被筛选出来，目的是尝试提高产量。结果这种甘蔗的产量从每亩2吨提高到了2.6吨，且汁液质量没有下降，但继续提高产量未获得成功。每亩土地的甘蔗产量也有高产的情形，能多达4.5吨，但含糖量很低，根本不值得提取，新品种和改善的土壤条件没有形成匹配。在北印度短暂的生长期中，本地品种形成的叶面积不足，不能生产出粗大植株和其他组织所需要的纤维素，而且也不能产出足够的汁液满足经济价值需要。该实验非常重要，因为它明确了存在的问题，并指明了方向。为了提高联合省食糖的产出，有必要把栽培方法和高效品种结合起来，并能适应当地非常特殊的气候条件，而且这两个问题需要同时得到解决。在后续所有工作中，人们最关注的就是避免研究各自为政，很遗憾这也正是当今农业研究之基础。

克拉克把注意力放到了解决该问题的两个主要因素上：①找到一种合适的甘蔗品种；②研究获得最大产量的甘蔗种植方法。

在沙贾汉布尔(Shahjahanpur)的甘蔗品种收集过程中，他们找到了一株爪哇种苗——POJ213，该品种非常适合当地的土壤和气候条件，而且适宜集约化种植。该爪哇甘蔗品种是杂交品种，它的授粉父本是罗希尔坎德甘蔗品种春尼(Chunni)，20年以前罗莎糖厂曾为到访印度的荷兰专家提供过该品种。春尼是一种对病毒免疫的品种，当时甘蔗病毒危害严重，曾威胁到整个爪哇的制糖业。将春尼与热带丰富的甘蔗品种杂交之后，培育出了抗病、优质而且广为人知的POJ新品种，即Passoerean Ost-Java。POJ 213在沙贾汉布尔早期种植中就显示出了优良性状，后来逐渐被当地种植者所接受，通俗也称之为“爪哇”。这个品种很快就在罗希尔坎德大面积种植，并挽救了当地濒临破产的制糖业。然而最重要的是它引起了人们对各种甘蔗新品种的兴趣，并促使人们开发更多的土地来扩大种植该品种。没过几年，由已故的巴伯（Barber）博士培育的哥印拜陀新品种 Co 213 又取代了 POJ 213。

克拉克在联合省不久就注意到恒河平原的土壤可以和林肯郡霍兰（Holland）区的土壤一样进行相似的种植利用。事实上早在 60 或 70 年前林肯郡霍兰区就引入了土豆的集约化种植，并达到了高度发达的阶段，而且这两种土壤虽形成时期不同但都属冲积土壤。林肯郡的土豆集约化种植同联合省甘蔗的种植有很多共同之处，这两种作物都属无性繁殖类，对两者来说至关重要的一点是创造好的土壤条件以促进幼株的快速生长，并使它们能在短暂的适宜气候期内制造和储存大量的碳水化合物。这样沙贾汉布尔甘蔗集约化种植开始的时候，就汲取了林肯郡马铃薯种植中的经验教训。在种植作物前的休耕期，土地是要耕作的；雨季后，农家肥很快就被犁入土壤中，这样就给表层土壤腐殖质的形成提供了所需的时间。把甘蔗种植在 0.6 米宽的浅垄沟上，各垄沟的中心间距相隔 1.2 米。垄沟里面的土被铲出形成 15 厘米的深度，再把这些土堆在每两个垄沟之间约 0.6 米宽的空地上。整个起垄的过程如图 12 所示。

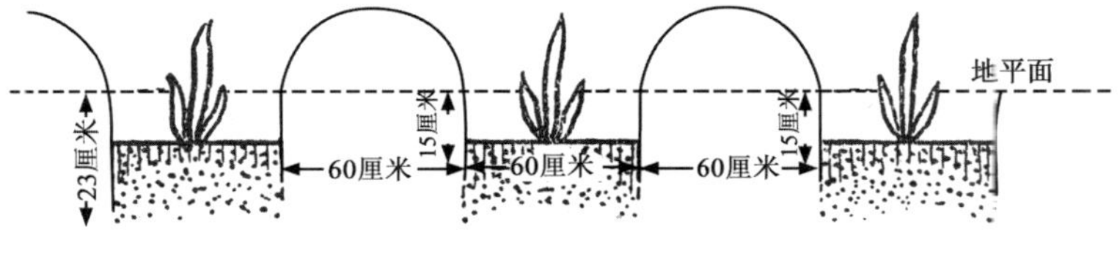

图 12　沙贾汉布尔的垄沟系统

当这些垄沟在 11 月份挖好的时候，他们用当地的一种工具（kasi）把垄沟挖到 23 厘米深，然后把豆饼或者其他什么浓缩的有机肥与垄沟底的土壤充分混合，一直保持到次年 2 月份播种的时候。在甘蔗种植前至少 2 个月或最好 3 个月，要对这些垄沟进行彻底的耕作和施肥，这样才可能收获最好的产量和质量，这一做法已被证明是必须的。熟悉爪哇甘蔗种植方法的读者，会马上认识到沙贾汉布尔的种植方法是对爪哇方法的发展，只是前者完全用不到化肥。一个有趣的结果是，手工制作的垄沟总是比机械制作的垄沟能获得更高的产量，在别的地方也出现了同样的现象，但从来没有得到充分的解释。我们只能猜测，可能耕作速度并不有利于耕作质量的产生——欲速则不达。

最初，施用有机肥的量很大，比如说蓖麻饼，每亩施用量就达到了213千克，这些有机肥中包含4.5%的氮，也就是说每亩能施入9.6千克的氮。这种大量施用有机肥的做法，在引入绿肥的施用方法之后就减少了。关于这点下文中有所提及。如果绿肥工作做好了，在制作垄沟时施用粪肥的量可减少一半，甚至更少。

在种植甘蔗前约1个月应灌溉这些垄沟，而且如果这些垄沟干了应稍微耕作，这样会促进肥料腐熟，并使土壤具有更好的通气性。在2月底前种植甘蔗时，甘蔗应种植在新挖过的湿润肥沃的泥土中，先不要浇水，等到将甘蔗插穗种植在干土上，第二天再适量浇水，这样就节省了一次浇水，并被证明是非常有效的，因为白蚁(termites)会经常啃噬这些甘蔗幼苗，只有当这些接穗和幼株能快速生长起来才会避免掉这种伤害。每次对表层土耕作的时候都应该适量浇水，这样到6月份雨季到来前需进行4次少量浇水。5月中旬，一般甘蔗植株长到大约60厘米高且正在旺盛分蘖时，就需要逐步把垄沟填满，直到5月底。雨季开始之前要对甘蔗进行培土，直到7月中旬结束(图13)。

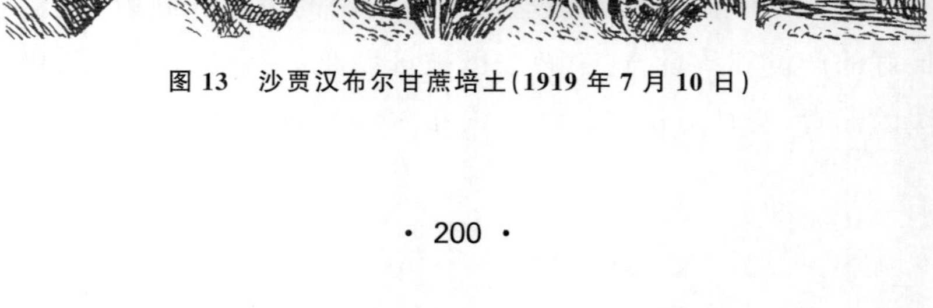

图13　沙贾汉布尔甘蔗培土(1919年7月10日)

克拉克观察到，在肥沃土壤上经培土种植的甘蔗，会滋生很多的真菌。这些清晰可见的线状菌丝通常围绕在土壤颗粒表面，特别是生长活跃的根系周围。因为甘蔗是菌根形成者，也就不难想象会有这么多的菌丝体与根共生了。这种共生关系所需的所有因素包括：腐殖质、土壤通气良好、湿润的环境和活跃的根系持续供应，这也许能解释为什么通过这种耕作手段能取得好的效果而且作物还能如此健康。当作物生长在平坦的土地上的时候，土壤通气性通常是制约菌根充分生长的一个限制因素。

对作物培土有 4 个目的：①通过疏理通气性好而且肥沃的土壤，能使新根从较低的节点延续生长；②为菌根组织生长创造适宜条件；③能极大地提高甘蔗根系在雨季的直立性；④可以避免土壤表面过度黏实。如果忽略了培土，这些秸秆沉重的甘蔗作物几乎总是会因季风而倒伏，而且雨水会将甘蔗冲倒，这样就不可能产生有价值的浅色原糖。当甘蔗在平坦的土地上生长的时候，土壤表面胶体黏结会干扰土壤通气性，从而影响了糖分的形成；在通气不好的土壤上成熟的作物，是不可能实现最大产量的。

这种垄作系统中关键的因素之一是具有良好的地表排水。这可以通过降低田间土路和田埂小路的高度，并让杂草覆盖，使其在雨季也可排出过多降水，而汇集在垄沟中的地表水正好被更低的渠道泄走。通过这种方法排水，排出的是薄薄的干净水，没有任何有机物或细土颗粒的损失。草地充当了最有效的过滤器，并同时作为绿肥施用，路上还能长出更多的草为耕牛食用。这个简单的方法可以做到物尽其用，并防止积水和土壤侵蚀。

选择生长优良的甘蔗品种，保持适宜的土壤通气性，良好的地面排水和合理的灌溉，并供应充足的有机质。这些集约化种植方法都能做到的话，取得的结果将是令人惊叹的。以往每亩仅有 2 吨的甘蔗产量和 165 千克的糖产出，而在此后的 20 年时间里，同一块土地每年每亩的甘蔗产量可达 5.9 吨,每亩糖的产量达 577 千克。这些仅反映了农场的总体情况,其糖产量是原来的 3 倍。在如此短的时间和通过这种简单的办法取得这样好的成绩是很少见的。个别情形下,甘蔗产量可高达每亩 7.25 吨,食糖产量达 741 千克,代表了联合省当地气候条件下最高的可能产量。

在总结印度北部甘蔗种植方法时,需要关注食糖生产的两个关键时期:①5 月份和 6 月初,即分蘖和根系发育时期;②8 月份和 9 月份的时候,即储存糖的主要时期。如果这两个时期有什么障碍因素就会造成产量的降低。在第一时期糖产量与土壤中的硝态氮含量呈密切正相关,而在第二时期则和土壤水分含量、土壤通气性及大气湿度存在着正相关关系。任何甘蔗生长发育条件的改善,都必须考虑到这两点。

这种新的甘蔗的集约种植方法已在省立试验站的农田中得到成功实践,为提高食糖产量迈出了第一步。现在需要把这些技术与多样化的小规模农业系统结合起来,如在联合省的东部地区农场平均规模仅 24 亩,而西部地区则达到 48 亩。每个小农场不仅面积小,而且分成许多小块的土地,并分散在村庄的不同地点,这些土地的肥力肯定不一致。此外,这些小农场几乎没有资金对农业集约生产进行投资,怎么能获得耕种所必需的肥料?解决这一问题需要深入研究恒河冲积平原的氮循环、气候条件与耕作方法、土壤硝酸盐积累之间的关系以及甘蔗田绿肥方法的引进和应用。这些研究随着甘蔗集约生产的发展也逐步得到了重视。

在任何地方开展氮循环研究都应熟悉当地农业。联合省农业的突出特点是季节的快速变更及其气候特征的大幅变动。其中最重要的极端变化包括:①4 月、5 月和 6 月初的过度干燥高温气候,在 6 月底当西南季风停止后及夏季作物开始播种的时候,突然变成了潮湿的热带气候;②在9 月份的季风结束时,从高温高湿且土壤饱和情况突然过渡到干旱温和的气候条件,这时候正是 10 月份秋季粮食作物播种期。这些突如其来的季节性变化,限制了增产措施的实施,这导致人们几乎没有整地时间,或通过生物给作物准备需要的“食粮”；而作物的旺盛生长期又非常短暂。前者影响到播种和施肥方法，而后者则影响到品种的选择。在联合省两个农业生产季节间的巨大差异充分表现在秋季（11—12 月），此时成熟的甘蔗和生长的小麦可在相邻的田地里同时看到。

在该地区集约化种植方法下，如何使夏季和秋季农作物在不施肥的情况下获得硝酸盐的供应？以及怎样保持恒河冲积土壤的肥力？在回答这些问题之前，应在 4 月份小麦收割完后，对休耕的未施肥土壤样品进行系统化验，并利用施洛伊辛（Schloesing）方法估算硝态氮的量。

图 14 显示了温度和降雨量以及硝态氮的变化，研究结果清楚表明：①在2—3 月随着温度升高，土壤硝酸盐大量快速形成，这时候也正是甘蔗幼苗吸收土壤氮的时期；②第一次强降雨后硝酸盐从土壤中几乎完全消失，其原因是部分硝酸盐被冲刷走了，部分硝酸盐则被微生物固定，这里假定土壤腐殖质含量维持稳定；③受季风影响时，在土壤水分饱和的情况下缺乏硝化作用；④在秋季降雨结束时，此刻土壤变得干燥、通气状况改善，加上频繁的地表耕作，导致出现另一个硝酸盐的累积期，但比春季时的数量少，速度也更慢；⑤在 9 月 25 日至 11 月 30 日期间进行耕作，控制耕深为 8 厘米深。这时硝酸盐的积累很明显属土壤生物过程的结果，是与夏季和秋季作物的数量需求相一致的。在这个阶段，一旦种子发芽，就需要氮素的立即供应。

当我们把这些硝酸盐积累结果与印度农民的实践进行比较时，我们马上会对他们采取的做法赞叹不已。**没有借助科学，仅通过观察和多年实践，他们就建立了出色的对土壤肥力养护的农事方法。**他们绝不是某些时候他所代表的无知和落后的村民，但作为世界上最节约有效的利用氮素提升土壤肥力的农民，全世界的热带农业从他们身上均可以学到很多东西。印度大平原上的甘蔗种植者不能透支其土壤上的氮元素，他们只有一些有限的非共生固氮储藏和保持团粒结构及土壤三常生命的腐殖质库。他必须极其重视他的“现金账”，而不敢随意利用其“资本金”。

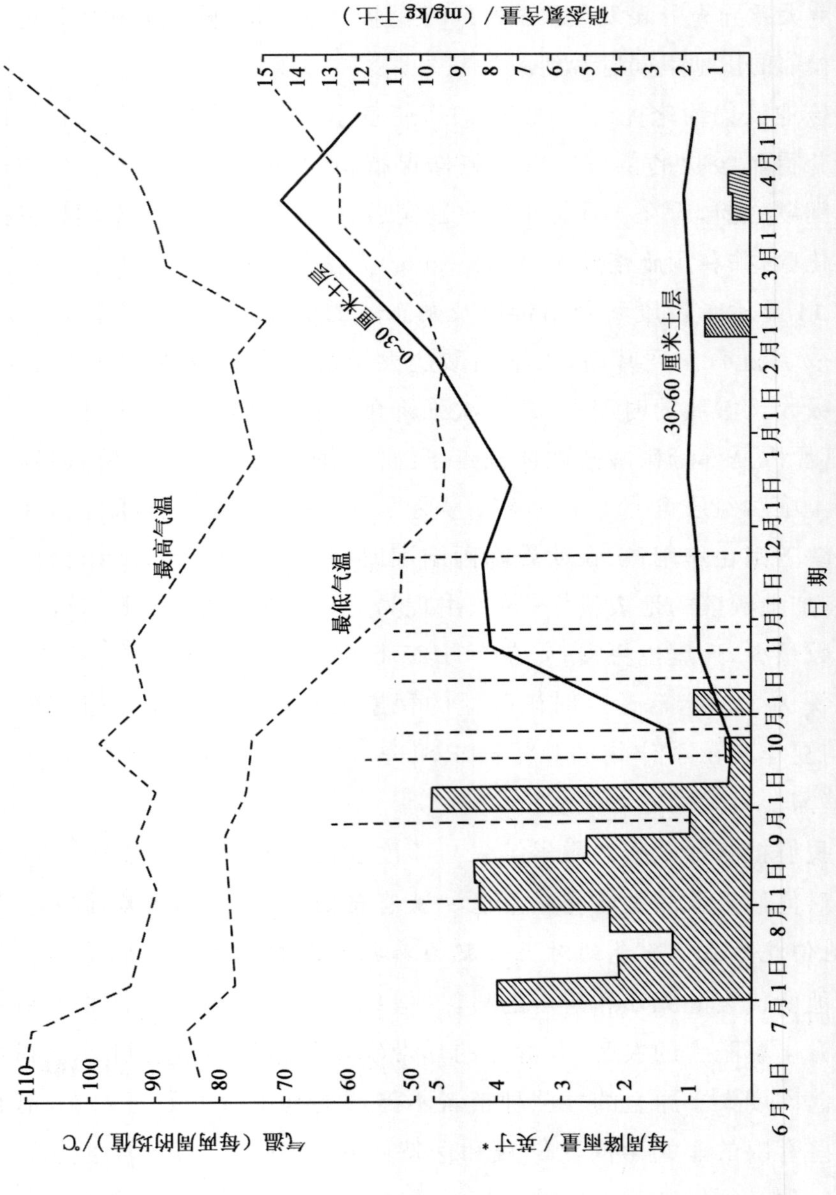

图 14　恒河冲积平原硝态氮累积

* 1 英寸 = 2.54 厘米

他们凭借多年天生的直觉在改进管理方法,以满足这些条件。**他们从不过度种植或在错误的时间种植,也从不把前面的残留氮损失掉,或损坏土壤腐殖质库。也许除中国外,他们比世界上任何其他地方的农民做的都要好,他们在很少的氮素情形下经历无数岁月仍一直能够保持着目前的土壤肥力。**

如果要提高糖产量,第一步是在分蘖和根系发育最关键的5月份和6月份提供更多的硝酸盐。常规方法是施用国产或进口的化肥,如硫酸铵来刺激作物生长。这时农户可能负担不起,肥料供应在战争时也可能会中断,这些物质的加入还将会促进氧化过程,并耗尽土壤腐殖质库存,既扰乱了土壤肥力平衡,又吞噬了印度的土壤资本——而土壤肥力是印度文明的基础。另外采用这种方法确实可以连续数年增产,但随后的代价是土壤肥力降低、产量降低和质量下降,作物、动物以及人类的疾病产生,最后土壤也会得病,如水土流失和盐碱荒漠!把这种暂时的增产措施传授给农民可能不仅仅是一种判断上的失误,而且是一种犯罪。总之,人工化肥可以完全不用,事实上目前已经发现了一些可替代的氮源。

在联合省开展糖类作物的集约化种植必须完成两件事情:①在降雨开始前,应充分利用土壤中正常积累下的硝酸盐;②必须提高土壤有机质含量,并使生物矿化过程加快,从而增加硝酸盐的自然积累。

要利用自然形成的硝酸盐,必须提高有机质含量。这个问题有一个非常环保时尚的解决办法——绿肥法。休耕地在种植甘蔗之前,通常被用来种植圣麻(San Hemp),同时每亩增施660千克农家肥。追施少许的牛粪对加快作物生长有显著的效果,还可在把绿肥翻入土壤后加快绿色植物的腐烂。在60天内亩产1.3吨的绿肥相当于每亩增加近330千克有机质或5.56千克氮素。这样,在雨季间隙期积累下的硝酸盐就会被吸收或固定,通过绿肥种植和播种前施用的少量农场厩肥会提供大量的有机物质。这样表层土壤实际上就完成了平地堆肥(sheet composting)过程。

绿肥分解的早期阶段需要充足的土壤水分。因此,掩埋绿肥作物后应注意降雨量。如果 9 月份的前 2 周雨量少于 12.7 厘米,就应进行灌溉,这样能保证土地缓慢干燥过程中,绿肥作物表面有丰富的真菌生长。直到 11 月底,绿肥向腐殖质的转化才大体完成。由于印度北部寒冷且气温较低,硝化作用随后会缓慢开始,且损失风险会很小。直到 2 月底新种植的甘蔗开始浇水,气温开始上升,所有新鲜的腐殖质中的速效氮素才开始硝化,以满足迅速生长的甘蔗根系的需要。简单地说,腐殖质的形成需要一段时间,通常在土壤中比在堆垛中要求的时间要更长些。在炎热的气候下,对甘蔗不断浇水和培土,也会使硝化过程持续进行。甘蔗行间的垄沟要及时排水,可把因土壤黏结导致通气不良而造成的氮损失降到最低,从而为甘蔗整个生长期提供所需的硝酸盐,这也是形成菌根组织的必要条件。

图 15 给出了绿肥对硝酸盐供应的影响结果。可以看出,在关键生长时期(3—6 月),也是甘蔗生长迅速、吸收硝酸盐最多的时期,土壤腐殖质的增加显著提高了硝酸盐的供应。

表 11 是施用和不施用绿肥的 27 块随机试验田块上甘蔗产量和粗糖含量的结果。这些对照田块代表沙贾汉布尔试验站的肥沃地块,而不是种植农户的地块。

表 11　绿肥对甘蔗的影响　　千克/亩

项目	甘蔗产量	粗糖	干物质
绿肥	5 163	530	1 500
对照	3 956	410	1 220

图 16 提供了田间结果:这种简单集约化生产甘蔗的方法其实际效果是每亩能获利 2.6 英镑。这些令人满意的结果也反映在沙贾汉布尔试验站年度收入和支出报表中,多年来收入超过支出约 50%。

所以说,该试验站工作的实际价值是显而易见和毋庸置疑的。通过施用单一绿肥,并配施少量牛粪,甘蔗的产量从每亩 2 吨提高到了每亩

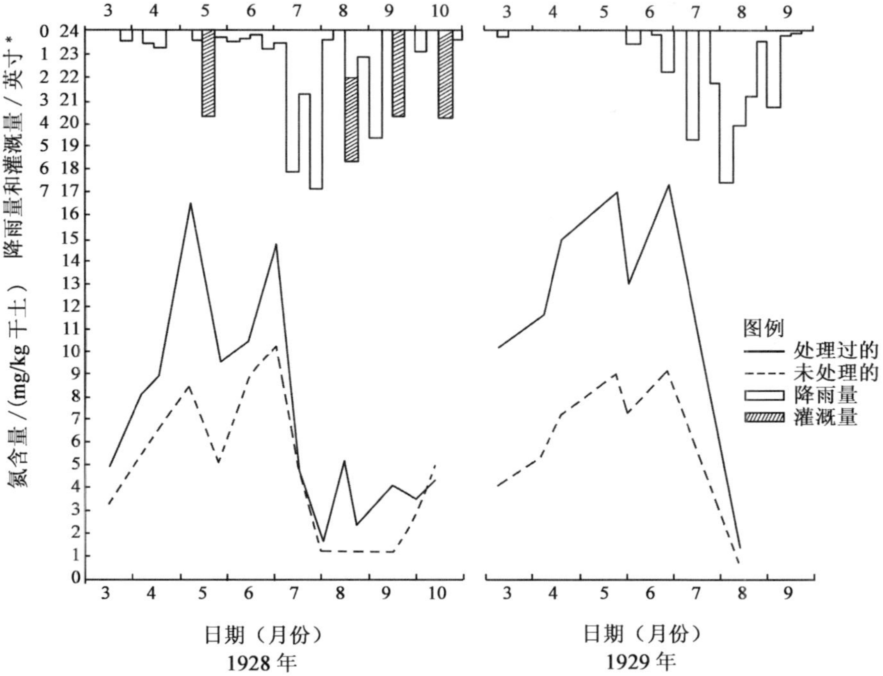

图 15　沙贾汉布尔绿肥试验中的硝酸盐累积(1928—1929 年)

* 1 英寸＝2.54 厘米

图 16　沙贾汉布尔绿肥试验结果(1928—1929 年)

左边:处理;右边:对照

4.94 吨;而糖的产量则从每亩 165 千克增加到每亩超过 494 千克。

对甘蔗集约化种植的效果并不局限于该作物。土壤培肥和垄沟深耕也能提高普萨小麦和鹰嘴豆的产量,这也是在沙贾汉布尔地区与甘蔗轮作的两种作物。通过这种方式,农户能获得超过当地平均产量 3 倍多的产量。在一个 21 亩的地块上,只是在 11 月份浇过一次 10 厘米的水,普萨 12 号小麦每亩产量达到了 214 千克。上一茬甘蔗品种是灰毛里求斯(Ashy Mauritius),其产量达到了每亩 5.7 吨。

早期在沙贾汉布尔农场,甘蔗垄沟种植会对小麦生长产生明显影响。麦田地表会出现一道道的波纹,一行垄脊跟着一行垄沟。经过几轮种植甘蔗后这种情况就消失了,小麦开始长的整齐划一,整个田块的肥力被提高到了新的水平。

现在可以记录一下该集约化甘蔗生产研究的不同阶段特点:

1. 未经改良的甘蔗年平均产量为每亩 2 135 千克。

2. 最好的本地品种,加上少量的肥料和轻度深耕就能获得每亩地的最高产量约 2 745 千克。

3. 把 POJ 213 和 Co 213 这些引进的新品种种在平坦地块上,使用与上述与第 2 项相同的栽培方法,每亩产量可达 3 660 千克。由于品种更新,每亩土地可多生产 915 千克。

4. 在平地上未采用垄作但施用绿肥后,这些甘蔗新品种产量可达 4 880千克。由于增施绿肥,每亩可以多生产 1 220 千克。

5. 采用垄作集约技术,加上种植绿肥和施用有机肥(每亩 120 千克蓖麻饼),每亩可产出 6 100 千克。由于腐殖质供应充足、土壤通气性改善,每亩又可增产 122 千克。

6. 使用上述第 5 项措施,在沙贾汉布尔获得的有史以来最高的甘蔗产量是每亩 7 320 千克。当所有因素都能达到或接近其最优值时,每亩又可额外增产 1 220 千克。可以看出,将适宜的品种、绿肥、正确的土壤管理,包括向垄沟施肥等多种因素结合在一起,就可以实现每亩增产

3 965千克，甚至实现每亩增产 5 185 千克也是有可能的。通过集约垄沟种植可以在碳水化合物合成方面表现出极高的效率。

在沙贾汉布尔的一个短期试验中，每亩可以产出 7 320 千克的去皮甘蔗，其中包含 17%的纤维（主要是纯纤维素），12%的蔗糖，还有 1%的水解糖。在甘蔗试验的 4 个月的活跃生长期里，产生碳水化合物总量为：1 243 千克的纤维素，878 千克的蔗糖和 73 千克的水解糖，共计每亩 2 194 千克的碳水化合物。这意味着在活跃的生长期，如果在品种选择、土壤肥力、土壤管理等方面都能做好的话，就能每亩多产出 540 千克的糖。

我们在沙贾汉布尔的这一完美例子说明了，通过种植绿肥，可以生产腐殖质，并且进行后续利用。其成功主要取决于两方面：①对氮循环和腐殖质产生和利用的了解；②基于这些生物原理的有效的农业技术。

现在是到了推广的阶段了，即把沙贾汉布尔得到的结果推广到种植农户那里。其中两个必须解决的问题是：

1. 应该尝试全面引入沙贾汉布尔方法，即改进绿肥加垄沟施肥加新品种，还是仅施用绿肥加上种植新的品种，根据环境因素采用或不采用垄沟？最终决定引入绿肥和新品种，不采用垄沟。这个决定是在粪肥紧缺的情况下做出的。但是，这一困难在 1931 年引入印多尔方法后就被解决了，这一年克拉克（Clarke）离开了印度。采用该方法后，每个村庄就可得到充足的肥料，为引进集约甘蔗生产提供了可能。

2. 是不是应该建立一个较大的组织将这些成果向村民展示呢？这时农业部门开始由印度一个部长来负责，克拉克则成为联合省的农业署署长，并成为立法会办事处的一员，他在那里已断断续续呆了 10 年。这样，作为一个科研工作者他就能利用行政权力将他的研究全面得到推广。克拉克在职期间所服务的印度的两位部长：C・Y・金达默尼（Chintamani）先生和查塔里（Chhatari）长官，虽然他们之间存在着广泛的不同政治意见，但是在农业发展的需求方面有着完全一致的意见，并对克拉克他们提出的建议给予了毫无保留的支持。但由于委员会成员的观点从极左派到极右派都有，所以要做大量的农业推介工作。关于农业预算的年度辩论是当年的活动之一，事实上从1921年到1931年，所有向政府提出的发展农业的财政建议都被表决通过了。能取得这样的成功是很少见的，因为在印度这样一个公共政府，仅靠一个部门（即使有高效的技术支撑）去推动一项政策是很难的。在委员会中有大批成员是有影响力的地主，他们只关心农村的发展，而且除了他们还有些不在委员会里的地主们都对眼前利益深感兴趣。因此，在主要产糖区决定建立国家资助的私人农场，目的是向农民展示甘蔗种植新方法，并提供大量所需的种植种苗，以在当地推广新的甘蔗品种。

由国家给予援助的金额不多，每个农场为2 000～3 000卢比。地主和农业部门签订协议时，要求他要在某些土地上种植甘蔗品种Co213，并要在这些土地上种植绿肥，而且要用沙贾汉布尔的全套种植方法。另外要以一固定价格提供甘蔗种苗。通过这种方式，就可以非常少的成本来保障地主们的利益。同时，在农村地区建立的农业部门也有所增加和强化，地主们也就成了农业部门的高级雇员；与普通雇员相比，这些高级雇员有两大不同点：①他们拥有的影响力远远超过农业部门最能干的成员；②他们是非官方的也不需要支付薪水。

印度地主们对这项工作的贡献是极为重要的。他们的积极支持和开放农场的态度，促使随后建立起了众多可以证明甘蔗种植新方法的当地示范中心；同时他们还以较低的价格提供甘蔗种苗。否则，农业主管部门只能依靠自己去改善农业发展状况了。如果没有地主们以非常低的成本建立起的示范农场，政府将不得不要征用土地，并在这些土地上宣传新的种植方法和提供甘蔗种苗。这样做的费用将相当庞大，并会超出政府预算。如果没有当地这些地主的个人影响力以及他们受利益驱使，农业部将不得不依赖于大量低工资雇员的工作；另外还要增加检验人员，因为普及过程需要大量的相关知识，结果就要建立一个庞大而耗费的组织。所有这一切都因私人农场系统的出现而变得不重要了。利用农业地主的想法是在1914年的欧达(Oudh)开始出现的，当时一些私人农场主在他们自己的土地上评估验证新普萨小麦品种的推广价值并生产大量的种子。克拉克将这个想法推广到全省各地，并展示了通过地主们的支持，一个实验农场是可以取得快速而有效的成绩的。克拉克向这些地主提供了一个在当地显示自己价值的机会，他们可以通过展示其实际成果，让他们的佃户和邻居们来学习，并引领农村的发展。一旦农业部门能让他们看到实际价值，全世界所有的地主均可以采取类似的行动。

从以下总结可以看出这些措施推广的规模和速度：克拉克在1916—1917年从哥印拜陀收到约20磅的Co213种苗用于实验；在1934—1935年，联合省就生产了33 00万吨的该品种，Co213品种的价值超过了1.2亿卢比，其中一半以上完全是新产生的价值。而该价值是从1934年政府推广甘蔗种植新方法以来，以政府确定的最低价格估算的。而由此制造出的食糖的价值是1.42亿卢比，其中相当部分是工人的工资、奖金和红利，更别说与英国的食糖贸易和为了筹建新工厂订购0.1亿卢比的机器订单带来的就业影响。这也难怪，印度的食糖出现了供过于求。实际上所有额外的食糖及糖制品均被当地市场逐步吸收了。

我们可以通过农业方面简单的技术改进，提高国家的资源产出，并在引导经济方面产生成功的结果。当然，要在稳定的税率下，以及对国内市场保护的前提下才能实现。

克拉克从印度农业部门退休后，在两个新的有利因素的影响下，上述这些初步成效得以顺利延续。在农村生产足够腐殖质以供应垄沟系统的问题，已经被印多尔堆肥技术解决了。由于沙打(Sarda)运河的建成及廉价电力的提供(用于从水井中提水)，使得在平坦土地上种植甘蔗的灌溉问题也得以改善了。集约化农业的两个必要因素——腐殖质和水现在都已经具备了。用不了多久，人们就会看到引进完整的沙贾汉布尔种植方法后取得的全面进展。本章开始的故事将会出现在其他地方，这将令人感到有趣和刺激。

参考文献

Clarke G, Banerjee S C, Naib Husain M, et al. Nitrate Fluctuations in the Gangetic Alluvium, and Some Aspects of the Nitrogen Problem in India. Agricultural Journal of India, xvii, 1922:463.

Clarke G. Some Aspects of Soil Improvement in Relation to Crop Production. Proc. of The Seventeenth Indian Science Congress. Asiatic Society of Bengal, Calcutta, 1930:23.

第五部分

结论与建议

第十五章　结　论

除了农产品市场，一个国家真实的、永久的和独立于其他一切要素的资本就是土壤。合理利用并保持土壤肥力这一重要资产是非常必要的。

在考虑土壤肥力时，除农业以外的其他因素还包括财政、工业、公共卫生、劳动生产率以及未来的文明程度等。本书即尝试在适当关注技术的同时，还要考察土壤其他方面的问题。

以创造新的机器需求和城市人口快速增长为特征的工业革命，已经严重侵害到全球的土壤养分库存，土壤资本正发生着快速的转移。虽然机器生产扩大了且人口也增长了，但是工业和城镇产生的废弃物很少回到土壤中。相反，农业的首要法则也被忽视了：生长速度加快了，但腐烂速度并没有变化，由此农业就失去了平衡。生命轮回的两极间的差距未得到缩小，或以人工肥料的形式被填补了。**世界上的土壤不是正在耗竭，就是被废弃，或正在慢慢被毒害着。在世界范围内我们的土壤原始资本都被浪费着，恢复和维持土壤肥力已成为一个全球普遍性的问题。**

土壤破坏的外在明显迹象是土壤侵蚀速度的加快。这时土壤资本（以土壤养分形式）会转变为农业的收支账目，并伴随着土地的破产。遏止这种毁灭性过程的唯一途径，是对流域地区每一块农田的土壤肥力进行恢复,这些地区都深受这种文明疾病的困扰。完成这一艰巨的任务也是对我们的严峻考验。

人工肥料施用导致的土壤生命慢性中毒是农业和人类遭受的最大灾难之一。这场灾难的责任必须由李比希的信徒们和我们现存的经济体制共同承担。博德班克(Broadbalk)实验表明,依靠化肥的巧妙投入,完全可以提高作物产量,于是工业界就迫不及待的生产出这些肥料然后销售出去。

英国市场上充斥着来自各地的廉价食物,迫使这个国家的农民不顾一切的抛弃掉已有行之有效的混合农业的基本做法。为免于破产,他们只能减少生产成本。但这种暂时的拯救是以土壤肥力的损失为代价的。**大地母亲用不断增加的作物、动物和人类的疾病记录着它的不满。**人们开始采用喷药机具来保护植物,采用疫苗和血清来保护动物,最后折磨牲畜的手段是宰杀和焚烧。这些政策的失败就在我们眼前。**食用未正常成熟的食物的人群,将不得不接受昂贵的专利药品、主治医师、诊所、医院和疗养院的援助。**一类"C3(结直肠癌)人群"正在被创造出来。

这种情形只能通过发挥社区整体的力量才能得到扭转。第一步是说服人们相信其危害性,并告诉人们走出这条死胡同的途径。**肥沃土壤和健康作物、健康动物,以及最终健康人类之间的联系必须给以广泛的宣传。**必须说服尽可能多的社区居民应该拥有自己足够的土地来生产蔬菜、水果、牛奶和奶制品、谷物、肉类,让他们养活自己,并向他们示范食用肥沃土壤上生长的新鲜食物后的结果。**无论是在家庭还是在学校,一项重要的教育内容是宣传通过腐殖质生长出来的蔬菜、水果等食物的口味、质量和营养都要优于施用人工肥料的农产品。**英格兰的妇女作为未来几代人的母亲们,将发挥她们在食物改革中的作用。食品应该根据土壤施肥的方式来分级、销售和零售。**城市社区**(这些在过去以土地为代价而繁荣起来的地方)**应该与乡村地区**(饱受开发之苦的地区)**联合起来,尽可能地恢复农村的活力。**所有与土地有联系的人,包括土地所有者、农民和工人，必须得到财政上的支持，以恢复失去的土壤肥力。然后必须采取步骤，以保证国家在维护土地方面的财政支出。这些都是必要的，因为国家最大的财富就是我们自己，而且繁荣和安定的农村才是国家未来发展的坚强后盾。若人民的需要和财政支持之间没有达成妥协，则会把两者都毁掉，古代罗马的错误必须避免。

作为一个公共机构，农业研究部门就可以支持并实现土地的价值，这需要一类新型的科研人员。未来的农业研究工作应该交给少数科研人员，他们需要成长在土地上，接受一流的科学教育，并且继承了农业实践的相关技能。他们必须将实践和科学结合起来，出外旅行也应包括在他们的训练中，因为像英国这样的国家，受气候和地质因素影响，是不能提供出作物生长调控的极端例子的。

农业问题的解决办法必须来自于田间，而不是实验室。发现问题就等于完成了事情的 3/4。那些终生与大自然亲近的精于观察的农民和劳动者可以为研究者提供很大的帮助。在所有国家，农民的意见都应得到尊重；他们的任何做法都有其合理的理由。比如在混合栽培方面，他们到现在仍然是开拓者。与农民和劳动者保持紧密联系将帮助研究人员放弃一切错误的权威观点，那些试图证明他们立场的做法总会让人想起过去的神秘僧侣。所有在土地上从事研究的人们应该与农民结为兄弟一起工作；未来的研究者们，只有其科学知识和旅行经历是不同于农民的。研究工作者的未来地位将取决于如何使好的农业变得更好。一旦改良者们能在他们的土地上写出他们的成果，而不是通过学术团体来汇报，农业社区不采取这些改良措施的观念就会消失了。只要能看到实际的结果，那些印度农村的领导者们是非常愿意支持这项工作的（已经证明了）。根本就不需要什么特殊的组织，把实验站的结果展示给农民就足够了。

农业科研管理体制必须加以改革。那些在英国产生的大量、不稳定、复杂和花销昂贵的组织架构必须淘汰出去，耗时的和无效的委员会必须予以废除，庞大的印刷量必须减少，所有开支都要减少。卡雷尔(Carrel)格言里说的“提高科学家水平最好的办法就是减少他们的数量”，这点必须执行。那些应用于农业的研究才是最好的研究。有能力开展这些应用研究的人们不需要来自行政部门的援助和干扰。政府部门的主要职责之一是防止研究人员自己创建一个妨碍进步的组织。

未来研究的基础必须是一个肥沃的土壤，土地必须是首要关心的问题。必须仔细观察植物和动物对土壤条件改善所做出的反应，这才是最伟大和最深刻的研究者需要做的。我们必须关注她们的工作，我们必须向她们提出简单的问题，当她们的答案与达尔文(Darwin)研究蚯蚓的结果相似时，我们就可以把它当作一个案例。其他同样重要的研究对象还包括危害植物和动物的昆虫、真菌和其他微生物，这些都是表征不良农业的天然“指示物”。**当前的政策是摧毁这些无价的天然生物，而极力保留下那些低效的农作物和动物。**未来我们应把这些生物作为农业的“自然专家”来看待，并把它们作为任一合理农业系统不可或缺的一个要素来对待。另外一个检验我们实践的有用方法是观察时间对品种的影响情况。如果看不到固定的变化趋势，则有些地方一定出错了。如果表现出长期性趋势，那说明我们的方法是正确的。因此，未来的农业效率要通过植物育种家数量的减少来衡量。当土壤变得肥沃和保持肥沃时，只要有少量的育种家就可以了。

森林已经提供了一个可以安全复制的例子，即将废物转化为腐殖质的过程，后者是保证植物茂盛的关键，也是印多尔工艺的基础。将植物和动物来源的废弃物混合，只要提供水分、充足的空气，以及可中和过多酸的基质，这些废弃物在 90 天内即可被真菌和细菌转化成腐殖质。**堆肥是有生命的，它需要同农场家畜一样得到照料和关注，否则将无法获得上等质量的腐殖质。**

比如在英国等国家，制造腐殖质的第一步就是对堆肥的改革，这也是西方农业最薄弱的环节。微生物在转化形成腐殖质的过程中要消耗纤维素和空气，会造成生物失衡。另外堆肥过程中又不可能保留住所有氮素，以致流失到大气中，造成化学的不稳定。顺便提醒一句，城市居民中心也可以帮助农业的发展，将粉碎的城市垃圾用来稀释农民的粪肥，就可通过处理把大量产出的腐殖质用到农业和园艺上。

农作物对于腐殖质的利用部分依赖于菌根组织，后者也是一个连接土壤和植物的活的真菌桥梁。大自然煞费苦心地在完善绿叶的作用，通过绿叶完成了碳水化合物和蛋白质的消化吸收工作。我们必须充分利用这种自然机制来保持土壤里的腐殖质含量。只有这样，才能保证农作物和牲畜的质量与健康。越来越多的证据表明，健康的产品是影响人类福祉的重要因素。有一个例子可以证明，我们自身的健康并不理想。卡雷尔(Carrel)指出，在美国一年仅医疗费就有近 7 亿英镑，这还不包括由于疾病所造成的损失。如果把美国的土壤质量恢复起来，可以避免这一沉重负担的 1/4，其对美国社会和美国人民未来的重要性是毫无疑问的！先知总是在事件发生后才被认可。**在这本书的最后，我斗胆断言当我们的食物皆产自肥沃的土壤，当我们皆食用这些新鲜的食物时，人类至少有一半的疾病将会消失。**

附录A　孟加拉一个茶场的堆肥生产

甘德帕拉(Gandrapara)茶场位于喜马拉雅山脚印度东北部的多尔区以南约8千米处。该茶场土地面积有17 000亩，其中7 538亩种植茶叶，包括60亩的制种茶园，另外一些是稻田、薪柴地、竹园、油桐园和牧场。4月中旬到10月中旬的降雨量在216～406厘米，此时气候湿热，万物生长繁茂。

寒冷的几个月里气候比较舒适，但从3月份到季风期的6月份，气候则令人不爽。

茶场中大约有2 200名劳力，他们中的大多数都来自那格浦尔(Nagpur)，在这儿已经居住了多年。茶场位置相当好，坐落于两大河流之间的高地之上，附近没有小河流过，所有排水都流到附近的森林和废弃地里。茶场为每个劳力提供了住房、供水、薪柴、药品和免费医疗，当他们生病时可以在医院得到免费照料。产前和产后的妇女能得到小心仔细的照顾，并且有欧洲医生每周的定期检查，还有额外奖金；医院还仔细记录下婴儿及其体重和他们的饮食；另外公司还提供奶瓶及牛羊鲜奶，以及产妇恢复健康所用的必需品。当我们调查研究地球上的所有生物时，我们很少有理由为我们对自然科学知识的运用感到自豪。土壤、植物、动物以及人类自身，他们不都是在我们的照顾下生病了么？

茶树需要营养，而且霍华德（Howard）先生不仅要求提高人类食物的质量，而且为了达到合适的标准，他还要求要提高植物营养的质量。也就是说，他认为最根本的问题是改进土壤本身，使其健康、肥沃。他说："一个肥沃的土壤，富含腐殖质，无需施用农家肥以外的肥料；其上种植的农作物不需要植物保护，它们可以自己照料自己。"

1934 年，根据霍华德先生提出的印多尔方法，我们利用茶园里的废弃物生产了少量的腐殖质。一切可利用的植物材料，如藿香、杂草、秸秆、树叶等都被仔细收集起来，在坑中堆成一层，撒上混有少量草木灰的浸过尿液的土壤，然后再铺一层粉状粪肥，堆体下面铺设土壤作为垫层。而后在物料上喷洒水雾，水不要太多，使堆料湿润即可。这种填料方式要一直继续，直到坑深达到 1～1.2 米，每铺一层物料前都要喷雾浇水。

要做到这一切，需要有一个工厂，使堆肥过程能够得到控制，并将成本降到最低。在茶场我们建造了一个堆肥厂，平面布局见图 17。厂区有

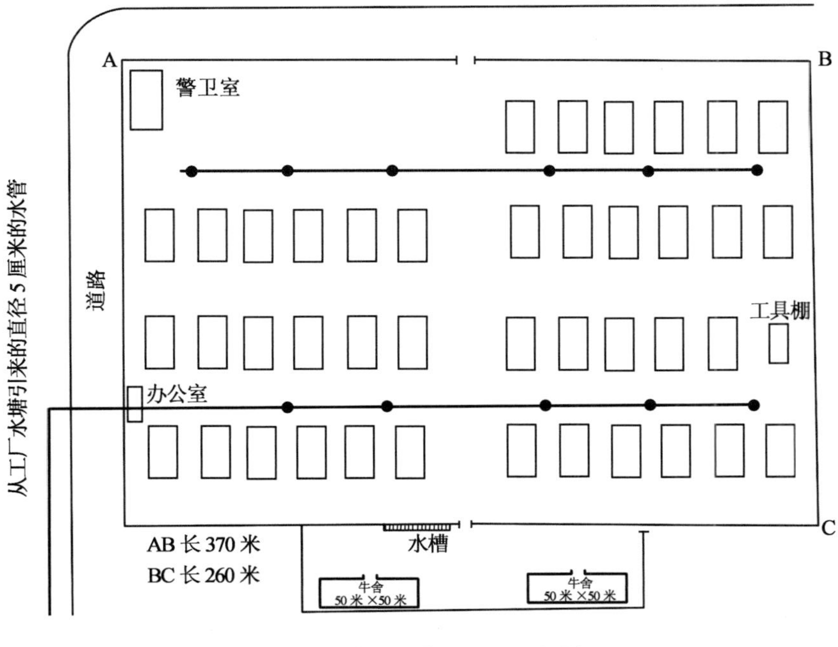

图 17　甘德帕拉茶场堆肥厂规划

41个堆肥坑,每个坑尺寸为10米×5米×1米;这些坑的棚顶尺寸为长5米,宽10米,棚与棚间距为3.6米,两组棚间距9米;另外棚与棚间还有9米的围墙,这使得运送来的物料可以直接进到堆坑里,并有空间来存放发酵完的物料。另外还配置了直径5厘米的水管,以及直径2.5厘米规格的连接消防栓的水管,使给水能够送达到所有堆坑。在堆肥加工厂,还使用了喷水装置及雨滴喷头;每15米×4.5米一个,也可供200头家畜使用。畜舍围栏尺寸为52米×17米,也可用作室外休息;有一个水槽长3.5米、宽1米,可一直为动物供水;旁边是牧人生活的房子。办公室、商店、警卫室也建在厂区内。一条连接堆肥车间的马路与围栏平行,在寒冷的天气下这条道路也能正常通行,物料运输可根据情况随时调整。工厂的水源较好,且供应充足,水的总阀门在厂区办公室内控制。所有的堆坑都有编号,并且要坚持记录物料的情况包括其成本、翻堆时间和费用、温度、浇水和建堆等;最后还要计算施用到每亩成熟茶园、苗圃、桐树、产籽茶树或老茶园上的腐殖质的数量。

工厂里牛舍及围栏地面垫有树枝,按要求这些原料均可投入堆肥坑。我曾经尝试过用砖砌成通风孔,但后来发现在堆坑里放置一些空心的竹子通风效果更好,且能增加堆肥产量。这些物料高度可达1.2~1.5米深,在填满堆肥坑的过程中必须非常注意,不要到坑中践踏。当填料时,让工人站在大木板上以免把堆料压实。在第一次翻堆时,把所有尚未腐烂的木质物料,用尖锐锄头捣碎,从而确保充分发酵,以及真菌正常生长(图18)。

通过堆肥厂的这些安排堆肥生产可以在1年内的任何时间生产,一般发酵时间大约需要3个月。由于堆肥厂有良好的监控,从而可生产出优质的堆肥产品。堆肥原料堆放在室外和路边,也可随风雨很好地自然腐熟,但产品品质不怎么好。因此,应花点钱把尽可能远的原料收获、晾干,然后运输到堆肥厂进行堆肥。

有覆盖和无覆盖的堆坑

一个堆坑的屋顶

割藿香草

社区牛棚

利用牛车碾碎木质原料

茶树剪枝地表堆肥

图 18　甘德帕拉的堆肥

在寒冷季节里，可以制作大量的室外薄层堆肥。把植物刈割后，每亩撒施 820 千克腐殖质肥，然后将刈割后的物料锄入土中，刈割物的产量不同，有时每亩可施入 2.6 吨，其结果非常理想。

在许多茶园里人们会施用相当的牛粪和绿色物料，但始终不会满足植物需求。许多农学家试图通过各种方式来弥补营养短缺，诸如翻压绿肥、利用遮荫树木的枝叶或任何可利用的腐烂植物，尤其实践过程中所有茶园均要利用各种可用的有机物料，通过这些措施来维护土壤肥力。特别要注意的是，多年来一些生产复合肥的企业在生产某些特殊肥料，其中包含了一定含量的腐殖质。向土壤提供腐殖质的重要性是显而易见的，我们目前还无法考虑如何促进土壤微生物的作用这一问题，但众所周知，提供足够的腐殖质对维护微生物健康和活性是至关重要的。

没有有益微生物，土壤什么也不会生长。根据某些理论，即使我们正确地使用了化学肥料，但如果土壤缺乏腐殖质的供应，之后一定会出现令人失望的作物产出，弱小、枯萎和生病的植物植株。同样，无论怎样向土壤以经济实用的方式施用腐殖质都是有好处的，这在当前也得到了农学界的赞同。要获得上述效果，必须增加土壤通气排水和覆盖遮荫。恐怕很多茶园的种植者不知道这是茶树种植过程中最重要的措施。为了保持土壤肥力，我们必须要有良好的排水系统和遮荫树木，以及各种耕作措施及施肥。堆肥是必须的，人工肥料仅是补充，而腐殖质则是农作物的食粮，最后就变成了资本。

即将结束的这个季节令人难忘。从 1938 年 10 月至 1939 年 4 月 20 日，降雨量只有 3.8 厘米，哪些遭受旱灾严重的茶园往往是缺乏有机质的茶园，另外也缺乏排水、肥料投入和遮荫树木。

茶园工人被允许保留他们自己的牲畜，并在茶厂的土地上自由放牧，以下是对某茶园的实际统计调查：133 头水牛，115 头公牛，612 头奶牛，466 头小牛，21 匹小马，384 只山羊，64 头猪，合计有 1 795 头（只）牲畜。

在过去两年中，几乎没有使用化学肥料或农药来控制疾病和虫害。过去的一年中，腐殖质的产量约 3 085 吨，同时还施用了 1 270 吨森林腐殖土。制作和施用前者的成本是每吨 2.86 卢比，而施用森林腐殖土的成本是每吨 1.39 卢比。

把这些动植物废弃物转化成腐殖质一定会带来土壤肥力的提高。

通过自然循环方式，向土壤归还所有有机废弃物被许多科学家认为是培育最优质茶叶的方式，还可以抵抗虫害和病害

他们声称，自然的方式仍然是最好的方式。

孟加拉甘德帕拉茶场

1939 年 11 月 18 日

J·C·沃特森

附录 B　南罗得西亚的堆肥制作

在完全掌握霍华德先生的方法前，有一种堆肥方法已在南罗得西亚(South Rhodesia)齐坡里(Chipoli)使用了许多年，但成本比现在要高，而且产品质量也不令人满意。

当时也采用了深坑堆肥，或建在堆料场或建成大型堆体，一般堆肥过程在厌氧条件下进行，结果要花费好几个月的时间。最后当堆肥物料降解后用车拉到田里时氮素已经损失殆尽，其中大部分的粗纤维、麦秸和垫圈物料仍然没有被降解，如同橡木在污泥中一样。这些物料的分解过程仍要在土壤中继续进行，并对作物造成损害。

我们在齐坡里的堆肥田间布置与印多尔基本一致。每隔一段距离都配有水塔可提供水源。可以用直径 2.5 厘米的橡胶软管将水喷洒到堆体上。有了这些条件，堆肥在 1 年里任何时间都可进行，正常情况下每个堆肥周期需要 3 个月的时间。

曾经有人认为，成本更低的堆肥办法是在田间地头进行堆肥，一方面可就地利用植物残体，另一方面还可依靠降雨调节水分。如果降雨均匀，这样做会很好。但事实并不总是如此，从而导致堆肥过程断断续续，最终制作的堆肥产品质量并不太好。另一个反对田间堆肥的意见是堆肥产品不能在同一季节施用，结果往往会浪费 1 年的时间。

我们知道降雨季节里不适合堆肥的腐熟完成，此时一个农民若依照这个方法不能提供堆肥以保持其土壤肥力，则问题是很严重的。对一个堆肥厂而言，供水的成本并不大，我认为在热天甚至不需要在坑里堆肥。如果每天喷洒的水正好满足堆肥所需的水分量，那么一个本地人可以轻松控制 500 吨左右的堆肥。用水桶浇水的效果也不太好，原因是堆料不能均匀的湿润，往往有些地方浇水太多，有些地方又太少。

在翻堆时，也要适当喷水使堆体保持所需的水分含量。

由于考虑成本增加问题，一些人反对建设中心堆肥厂。我个人认为，这一额外的运输成本，可以通过良好的堆肥管理和工艺控制得到补偿。通过在堆垛中铺设圣麻或其他类似物料，让堆料进行一段时间的腐烂，就可降低原材料的运输成本，也可大大降低原料的体积。

在齐坡里制作堆肥的原料主要是粗质莎草(veldt grass)，可以从河岸边或任何生长它的地方收割；其次是人为种植的圣麻，然后是树枝、作物秸秆、杂草、园林垃圾等。

堆肥被施到留有圣麻残茬的地里，然后进行翻耙。以往人们会把大量的圣麻耙入田里以保持土壤腐殖质的供应。在有些季节这种方法效果还不错，但在其他不适宜的气候条件下，在下茬作物播种前，仍有许多未腐烂的植物残茬留在地表或地下等待分解。若把这些地表植物残茬刈割下来并进行堆肥，然后施到田里，在雨季到来前就可放心播种了。另外，动物粪便和植物秸秆相结合产生的堆肥，其作用要明显超过只用绿肥作物生产的腐殖质。

在制作堆垛时，一般垛长约 22 米、宽 4.5 米。在垛底铺一层作物秸秆，接着将粪便和垫圈料铺在上面，撒上适当数量的土和草木灰，然后用软管给整个堆垛浇水。不断重复此过程直到堆垛高度达到 1 米左右高。之后堆体很快就开始升温，大约 10 天后，当真菌生长明显时，就要翻堆，如果需要还要添加些水。两个堆垛一般要平行堆放，当堆肥体积在第三次翻堆后大大减少时，就可将两个堆体合二为一。这样可以保持堆垛的体积,从而确保堆肥过程得以继续下去不受任何干扰。如果在第一次翻堆时堆肥过程仍缓慢,可掺入另一个正在进行第二次翻堆且堆肥过程良好的物料,以保证其堆肥进程,这时就可体现出接种的作用。

我发现,将杂草和圣麻混合进行堆肥,其效果要比单独使用杂草或圣麻植物好。

实际操作中,可将堆肥粗物料铺在马路上,让马车碾压一段时间,就可把原料破碎,然后进行堆肥,结果相当满意。另外一个办法是把这些原材料垫到畜舍中,在那里它们被动物践踏破碎的同时吸收了动物尿液和粪便。然后,有必要在这些物料中混入土壤和草木灰进行堆肥,并同时保持堆体湿润。

现在人们经常宣传在土壤中施用一些磷肥。常见的方式是把磷直接撒施到堆肥中。在当地能购买到的最便宜的磷肥就是骨粉,除了磷酸盐,其中还包含约4%的氮。干草作为堆肥的主要原料含1.5%的氮,这是非常少的。这样骨粉中的这些额外氮的添加可有助于堆肥过程,并可使堆肥中的氮不会流失。这种骨粉的加入只是一些小的变化,绝不是堆肥这一进程所必需的原料。

今年极其恶劣的潮湿气候使牲畜圈栏变成了沼泽。我们及时把这些湿透的垫料和粪肥运到堆肥场地,每铺一层这些物料就铺一层土壤,建成了堆垛。由于这些物料很湿,使堆体密实,以致会有一些深色液体从堆垛中渗出。这时要抓紧翻堆并掺入更多的土壤以吸收多余的渗出液。3天后,又进行了一次翻堆,这时堆垛上从牲畜圈栏带过来的苍蝇就逐渐消失了。堆垛升温还很缓慢,因此要再次进行翻堆;每翻一次堆,堆体的通透性就会变的好一些。在最后一次翻堆时,堆体开始迅速升温,真菌开始生长,正常的堆肥过程开始进行。现在当我们认识到翻堆可实现持续通风这一基本原则时,就应尽量避免由于原料不正确储存所导致的养分损失。这使人想起了,像在比利时这样的国家里,每个家庭进行堆肥时常见的难闻的气味和成群的苍蝇;如果人们充分理解了堆肥的原则，就知道哪些是可以避免的损失，以及如何将环境卫生变得更好。

在堆肥之前许多人会先计算需要花费的成本，而成本高低在很大程度上取决于当地的实际情况。收集原料的难易和劳动力成本是其中的主要因素。正好我种过烟草，曾利用木材作为燃料烘烤过烟叶。我的烤烟棚靠近堆肥场，可利用这些既方便量又多的灰烬，牲畜圈棚也在旁边，这样就可利用农场的所有植物废料。我还发现圣麻干草可作极好的饲料，可将其草垛设置在堆肥场旁边，料槽放在牛每天取食的地方，这样剩余的草料也可用到堆垛上。

我们这里的堆肥生产时间不长，还很难给出准确的堆肥成本。比如一项具体操作在今年所花费的成本，经过方法改进后，明年就可能使成本减半。下面的内容可给出大致概况。

调查的基础是：生产 1 000 吨成品堆肥包括收集所有的原料，并将堆肥撒在田里。

也许你不知道，南非货车一般长 5 米，需要有 16 头牛才能拉动，正常负荷为 5 吨。用这种货车运送植物废料时，我们在货车顶部围了一圈胶木杆，这样可以大大增加其运载草料的体积。有时一天要有两三辆这样的货车在堆肥场工作，有时一辆也不用，但平均起来一年有 4 个月需要一辆货车满负荷工作。这种货车需要 1 个司机和 1 个领班，以及 2 个装卸工。杂草、芦苇等原料的刈割和收集等需要 10 个本地人，花费 2 个月才能完成。圣麻要用割草机收割和收集，需要 4 个本地人用 1 个月的时间完成。至于堆肥制作本身，需要 4 个当地人用 5 个月的时间来完成。这样总劳动量为 1 800 个本地工作日。堆肥撒施时有的可利用撒肥机来完成，其工效非常出色，但这种方法对我们来说是非常缓慢的。

在齐坡里，我们使用 3 辆货车同时来撒肥，每辆车装载堆肥成品超过 3 吨。通常需 4 个本地人在肥堆上装车，一旦货车到了地里，随着车辆的缓慢前进，由另外 4 个本地人在车上用铲子或叉将堆肥撒在预先确定的一个条带里。按土地远近平均估算，一个货车每天可往返 8 次，

14 个本地人每天总共可撒施堆肥 75 吨。因此，撒施 1 000 吨堆肥就需要 200 个本地工作日。换句话说，整个堆肥操作过程，从收集植物原料到撒施堆肥成品需要 2 000 个本地工时。这意味着每天每吨堆肥制作和施用至少需要 2 个本地工（图 19）。

堆肥区外貌

给堆垛喷水

图 19　南罗得西亚齐坡里的堆肥制作

当然，以上所述方法必须加上对运输车辆及机具的保养和维护费用，不过这部分费用相当少。牛的成本也未计算进来，它只被用于生产堆肥及提供废物，当它被饲养到一定年限很肥胖时，就会被卖给屠宰场，通常其总收入一定不会低于农场主养牛的成本。

我的供水装置是从一个老矿厂买的旧材料自制的，在第一种植季后就被抵销掉不计成本了。

我最近在南罗得西亚的自然资源委员会声明说，如果堆肥在南罗得西亚普及成功，那么不需要开垦任何新的农田，全县农业总产值会增加 1 倍。

去年齐坡里施用化肥的费用大概是通常年份的一半，但就目前作物产量的迹象看将会增加 50%。

这一季堆肥将施用到柑橘、玉米、烟草、花生和土豆田上。一位邻居虽不情愿但被我说服后施了部分堆肥，他没有用于全部的土地，只用在他种植的烟草地上；他告诉我，这些施过堆肥的烟草现在是他的农场里长势最好的。

发表在罗得西亚农业杂志上的一些照片，显示施用堆肥后土壤的抗旱性显著增强了。施过堆肥的土地上的玉米，在遭遇旱情时几乎没有任何受害的迹象，而旁边那些没有施过堆肥的玉米都枯萎了。正确的堆肥还能固定一定数量的大气中的氮素，要达到这种最佳效果，尽快完成堆肥十分必要，堆肥过程不能有中断，原材料不能彻底干燥，又不能过湿。我倾向于多用点土壤进行堆肥，而且是绝对必要的；添加土壤几乎没有成本，只不过多一点额外的运输费用而已。然而有土壤的存在，可以吸附和固定氮素，如同一份保险，从而可防止氮素的损失。现阶段我们对菌根的了解不多，但堆肥中多点土壤可能也不是什么令人担忧的缺点。

如果田块面积较大，堆肥会难以分配均匀。这时应适当减少施用量以保证整个田块能均匀供肥，其效果要好于局部施肥量大的情况。常规作物每亩施用 800 千克堆肥应是最少的量，但对土豆和经济作物每亩地至少要施 1.5 吨堆肥，甚至更多。我们必须记住，罗得西亚大部分土壤腐殖质严重枯竭，为了使其恢复正常肥力，堆肥施用量有必要比先前要多施些。

我越来越认为，在堆肥的生产过程中应该让物料得到持续的通风，这在前面已经讲过。通风可以通过频繁翻堆来实现，如果翻堆迅速，热量散失就很少，也不会导致发酵过程中断。

为了更好地给堆垛供气，可在堆体下面用砖块砌出风道。但在我的农场里，因为堆垛的位置在不断变化，而且手推车和重型货车在这些堆垛间不停来往，所以风道总会被弄坏。在 15 厘米粗的铁管子一侧切割出许多槽沟，槽沟边的金属片不去掉而使外翻，在堆体里就会成为一个通气空间，并从管道向堆体内持续供应空气，这种办法估计会非常见效。采用这种管道的优势是便于携带，而且在堆垛堆好前就铺好了，其缺点当然是成本较高。进一步地可以使用一个小型靠燃油驱动的压缩机，如同驱动气锤一样。把它安装在手推车或小卡车上并连接到一个橡胶软管上就可使用了。该管道直径为 2.5 厘米，并朝向一端开口，从开口一端每 45 厘米左右的地方打些小孔，然后将管道插进堆垛中心，将空气鼓进去。可每隔 1 米的距离重复这样的操作，1 天内可以对好多个堆垛进行强制通风，如果这种方法可以固定少量额外的氮素，就令人满意了。

无论如何，现阶段已经做的够多了。霍华德先生这个方法的伟大之处就是它的简单。农村的当地居民用他们自己最原始的工具可进行堆肥，现代庄园用最新式的机器也可以进行同样的堆肥。

我很高兴地说，罗得西亚政府已制定了相关政策，要在所有的当地农业指导中心传授堆肥方法，这将会逐渐唤醒人们对堆肥的兴趣。我这儿已经有邻村来的老人来看如何用干草堆肥了。

我们处在堆肥时代的前夕。如果它的原理多年前已经应用了的话，发生在美国中西部的问题是能避免的。**所谓的“报酬递减率”只适用于那些不真正懂得土壤并不会用自然手段来改善它的人。**相对而言，罗得西亚所幸是一个新兴的郡，其土壤的破坏程度亦不太严重。

如果堆肥能够普及，这就意味着：土壤会得到重建，能提供更高的肥力，并通过涵养雨水（目前这些雨水大部分未利用即流向大海）**来提高其抗旱能力，由此农业将发生巨大变化。**目前多数农业系统不在耕种土壤，而像采矿似的，一味依靠大量化肥的刺激，直到土壤被枪杀后抛弃掉。这种状况必须转变，并按自然的方法来重建真实的土壤。只有这样，世界各地随处可见的灾害才能得到避免。我们的土地才能在采用哪些“过于聪明”的办法前“天随人意”。

莫布瑞写于南罗得西亚沙姆瓦齐坡里

1939 年 2 月 2 日

附录C 如何用城镇和乡村废弃物生产腐殖质

霍华德爵士
前任印度中部植物产业研究所所长
印度中部及拉杰普塔纳(Rajputana)地区农业顾问

森林向我们提供了在热带地区正确处理城镇和乡村废弃物的基本原则。森林中树木和动物尸体的残余物在地表混合后，通过真菌和细菌的作用会转化成腐殖质，整个过程是相当清洁的，也没有任何形式的烦扰。大自然处理森林废物的方法是通过持续的氧化作用将其转换为树木所需的腐殖质，印多尔方法采用农业和城市垃圾生产腐殖质的过程也遵循同样的原则，就是在整个转化过程中保持对氧气的充足供应。

印多尔工艺

印多尔工艺最初来源于利用农业废弃物来生产腐殖质，它也可作为一种处理人粪尿和城镇垃圾的简单方法。从本文末尾提供的五篇参考文献中，对热带城镇卫生感兴趣的同仁都能看到有关印多尔工艺生物化学原理的详细解释以及对该方法的实际应用介绍。

加尔各答市陶利谷戈(Tollygunge)的腐殖质生产

E·F·沃森(Watson)先生最近在加尔各答附近陶利谷戈市所做的工作,能告诉人们如何将印多尔方法应用于城镇垃圾处理,这也是介绍该方法的最好途径。

在把生活垃圾和人粪尿转变成腐殖质时,需要用砖砌成 0.6 米深的坑,坑的四周要用砖块垒上,起保护作用。坑的每个隔间要有 14 米^3 的容积,还需要在地面上建通风道和排水渠,并铺以一层砖土。这些堆肥坑的操作细节都显示在图 20 里。向坑里装料的方法很重要,因为成功与否取决于正确的步骤。首先要把一车未分类的垃圾从堆放垃圾的平台上倾倒入坑中,并用拖耙(图 21)铺开,形成 7～10 厘米厚的一层。然后把另一车垃圾倒到这层上,形成一个从边缘延伸到坑中心的斜坡并占据坑的整个宽度。再从中心把少部分垃圾耙到边上,这时会在斜坡表面形成些孔隙;另外还要把少量的垃圾往路边的地面上耙,方便吸附洒出的人粪尿并耙到坑里。然后,再将半车的人粪尿倾倒在斜坡上,再用小耙一点点地把湿的垃圾耙平整,直到把坑的整个宽面都覆盖了。之后,再把剩下的一半人粪尿倾倒入新形成的斜面上,并用耙子不断地整理,直到将斜面(包括边缘上的垃圾)平整了,并在坑里形成一层物料。然后再重复倒入一车垃圾、做成斜面、覆盖路边、加入人粪尿、耙平。不断重复操作直到填满整个堆坑,整个过程需要 2 天时间。在第一天填坑完成时其顶层要覆盖 5 厘米厚的垃圾,不需与下面的堆料混合,这样有助于保持下层混合物的均一水分和热量,并防止苍蝇飞入。第二天的最后一步是在填完坑后,在每个坑的后端留少许空间,主要是方便随后的翻堆,并利于大雨后排水,这可通过在一边挖出 0.6 米宽的物料,形成一倾斜的平面,并且在其上覆盖一层薄薄的生活垃圾。

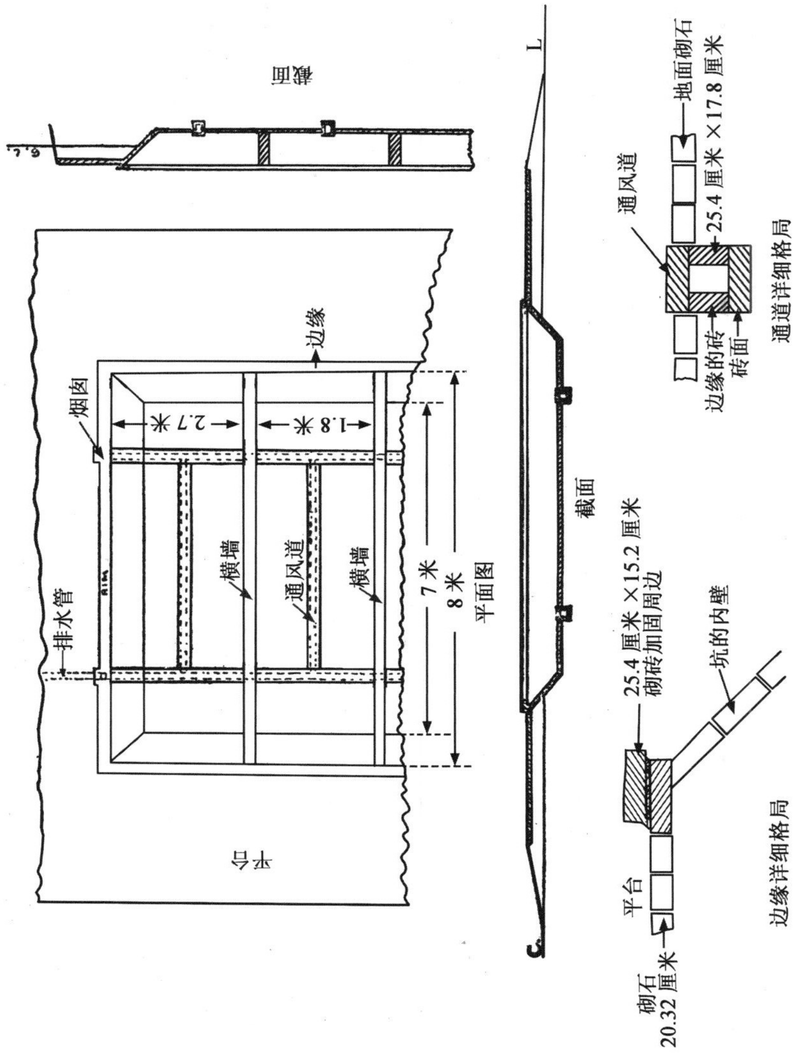

图 20　加尔各答陶利谷戈的堆坑布局

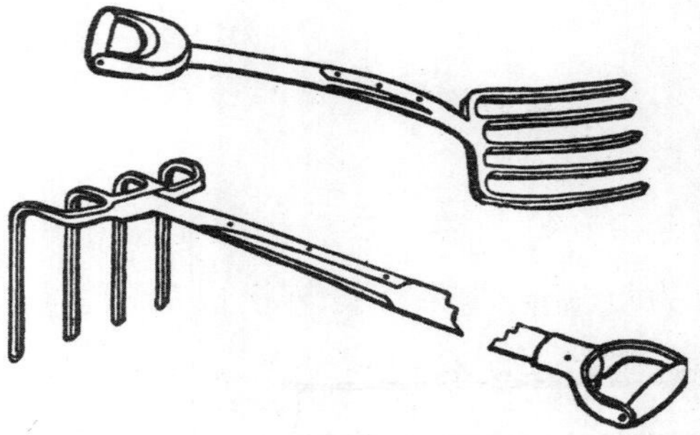

图 21 堆肥中使用的长把的拖耙和叉

经过这样填充的堆坑是没有臭味的，因为足够的通气能有效地抑制所有异味。气味完全可以用来衡量实际效果，如果有任何臭味发生则说明雇佣的员工未正确地填好坑，他们要么留下团状的人粪尿，要么形成了一整层的粪尿，这两种情形都会影响通气而产生气味出来。

第一次翻堆在成堆 5 天后，这次翻堆的目标是完成物料的混合，并把表层温度较低的物料翻到中间，以通过物料温度杀死苍蝇幼虫。

物料的最初混合和后来的翻堆最好是由男性工人站在跨越坑的隔离墙或粗糙木板上，用带长把手的耙子来完成。

第二次翻堆。再经过 10 天就要对物料进行第二次翻堆，届时所有的人粪尿痕迹就全部消失了。

浇水。在干燥天气有必要在每次翻堆时向垃圾中喷洒少许水，使物料保持潮湿，但不能太湿。

在非常潮湿的天气里，当堆坑表面因为降雨持续凉爽时，就会在第一次翻堆时长出许多苍蝇幼虫。但由于这些幼虫不能逃走，也不能进入热的物料里，并且会在变成苍蝇前被杀死，因此也就不会有苍蝇的滋扰。这样，苍蝇也可看作是堆体自动调控的一种表示方法。

堆肥完成。再过 2 周，就可把这些物料从坑里弄到平台上。因此，整个过程仅需要 1 个月。把腐熟好的堆肥堆起来应该有 1.2 米高，可在两行堆坑之间的堆积地面上清理出上料平台(图 22)进行搬运。堆积的时候需要整理物料,把那些没有完全腐烂的物料,如树枝、皮革、椰子壳、罐头瓶等挑选出来,并把它们扔到相邻的一个坑里,便于后续处理。而一些惰性材料,比如碎砖和陶瓷碎片就扔到路上铺路用。在这个阶段用手挑选比较容易,因为坑里的东西已被转换成粗的、无害的堆肥了。后熟过程仍需要 1 个月,到时这些腐殖质堆肥就可施到空地里或表施于生长农作物的地块里。

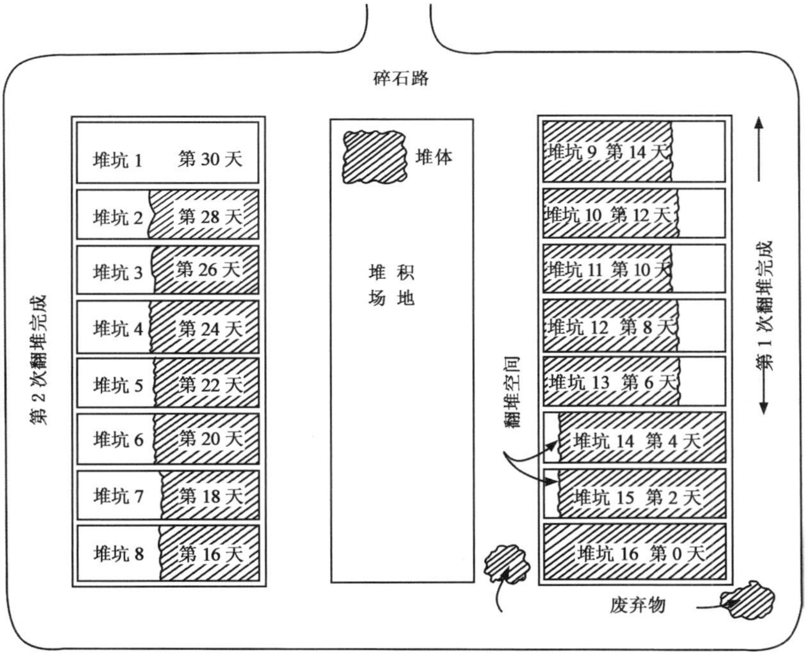

图 22　加尔各答陶利谷戈的堆肥厂规划(使用 1 个月后)

成本。所投入的资金成本是非常小的。在印度 5 000 个人每天可产生 7 米^3 的生活垃圾,足够混合所有人粪尿后进行堆肥,并需要建设 16 个 14 米^3 的堆肥坑,一个坑可在 2 天内填满(图 22)。再算上道路、平台和机具,总共要花费 1 000～1 500 卢比。每天的堆肥成品产量为 4 米^3,

价值 5～7 卢比。以较低的价格来估算,第一年的销售收入约为 1 800 卢比,这已远远超出了生产费用。这种规模的堆肥工厂将需要 5 个固定的男性工人。

简单设施

如果一个农村社区太穷,不能自己管理或建设砖式堆坑,也可在空旷的高地上挖沟进行堆肥,不需要任何隔离墙。有关操作步骤在图 23 中可看到。

这种设施的一个问题是繁殖在沟墙上和腐熟堆垛里的苍蝇幼虫会逃出来,这个缺点可以通过砖衬垂直墙壁或饲养家禽来克服。

一些新的发展

收集人粪尿时腐殖质的应用。上述两个应用印多尔方法处理城市垃圾的案例都存在一个缺点,即两种情形下粪便均以原始形态被收集、运输和堆肥。这就为腐臭和蚊虫滋生创造了条件,这可以在厕所马桶里使用腐殖质来避免,因为这种方式可以确保粪便在沉积时即开始氧化,因此可防止苍蝇等讨厌东西的滋生。采用这种办法时,每天要在马桶里放置至少 8 厘米厚的干腐殖质,而且当把桶里粪便倒入密封的推车时,也应在表面覆盖一层类似的腐殖质。这样的话,就可以避免腐烂和气味,堆肥过程在马桶里就已经开始了。采用腐殖质可以增加粪尿的体积和重量,但这部分成本增加可以通过堆肥的较高功效、对气味和苍蝇的抑制以及减少结合态氮素的大量损失所抵消掉。

利用小坑堆肥处理粪便和城镇垃圾。人粪尿也可在小坑里进行堆肥处理,并且不需要翻堆。这些坑的大小可以根据情况而定,比如 0.6 米长、0.6 米宽和 23 厘米深,可以在地里挖成一排,腐熟好后用于蔬菜或其

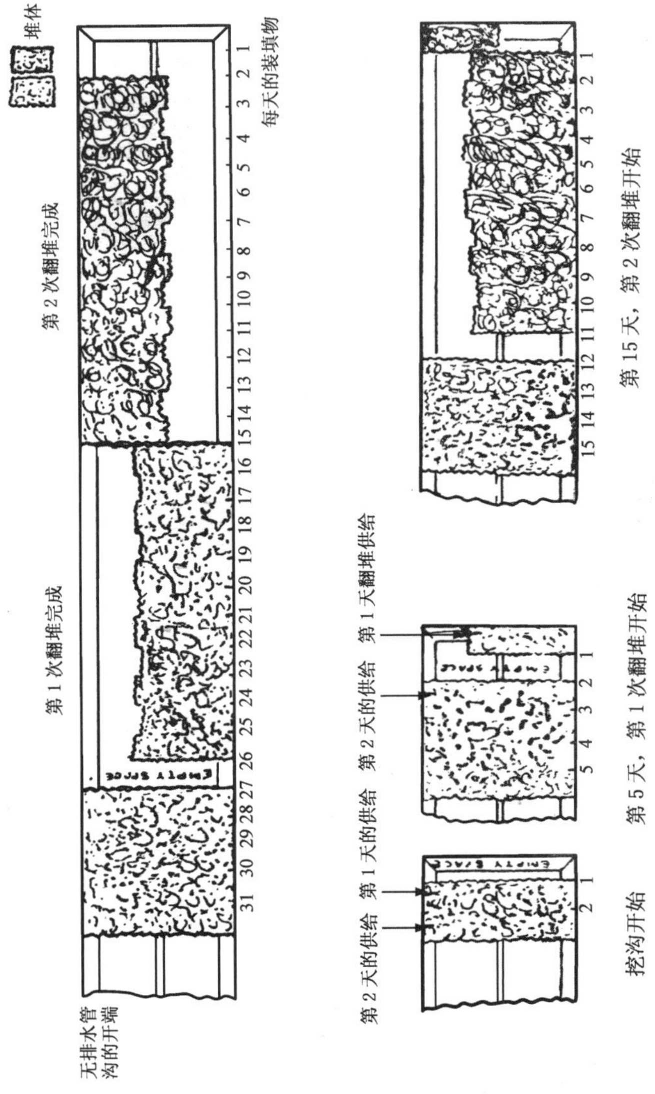

图 23　一个村庄的简易堆肥沟规划

他作物使用。在堆坑的地面,需要用锹挖起底层的土,使其能够接触空气,并在大雨后方便排水。然后把坑内 1/3 的空间填满城镇垃圾或作物秸秆,或者将两者混合后填满,再在上面覆盖一层薄薄的人粪尿和厕所马桶里的堆肥。然后再用更多的垃圾将坑几乎填满,最后在上面加上一层 7 厘米厚的松散土壤。这个堆坑现在就成为一个小的堆肥室,不需要过多关注,那些垃圾和粪便会在里面迅速转化为腐殖质。经过 3～4 个月的时间堆坑里就会充满腐熟好的堆肥,还有活的蚯蚓。像玉米和一些豆科作物如木豆,在雨水充分时就可在堆坑的行间进行播种,堆坑经过垫土也会逐渐推平。玉米会首先成熟,地里留下了木豆。第 2 年木豆行间的空地上还可以挖坑处理垃圾。经过两季后,这些土壤就可用来种植蔬菜作物了。

参考文献

Howard A, Wad Y D. The Waste Products of Agriculture: Their Utilization as Humus. Oxford University Press, 1931.

Jackson F K, Wad Y D. The Sanitary Disposal and Agricultural Utilization of Habitation Wastes by the Indore Method. Indian Medical Gazette, lxix, February 1934.

Howard A. The Manufacture of Humus by the Indore Method. Journal of the Royal Society of Arts, November 22nd, 1935, and December I8th, 1936.(These papers have been reprinted in pamphlet form and copies can be obtained from The Secretary, Royal Society of Arts, John Street, Adelphi, W.C. 2.)

Watson E F. A Boon to Smaller Municipalities: The Disposal of House Refuse and Night Soil by the Indore Method. The Commercial and Technical Journal, Calcutta, October 1936.(This paper is now out of print, but the substance has been incorporated in a lecture by Sir Albert Howard to the Ross Institute of Tropical Hygiene on June 17th, 1937. Copies can be obtained on application to the lecturer at 14 Liskeard Gardens, Blackheath, S. E. 3.)

Howard A. Soil Fertility, Nutrition and Health. Chemistry and Industry, vol. lvi, no. 52, December 25th, 1937.

Howard 生平介绍

霍华德先生出生于英国什罗普郡的主教城堡小镇，其父里查德是一个农民，母亲安妮。他曾就读于南肯辛顿皇家科学学院和剑桥圣约翰学院，并于 1896 年和 1897 年获得剑桥大学的自然科学和农学学位。1899 年在巴巴多斯的哈里森学院讲授农业科学，1899 年和 1902 年还是西印度群岛农业部的真菌和农业讲师。1903—1905 年，在英国威俄（Wye）东南农学院任植物学家，1905—1924 年被印度政府聘任为经济植物学家。1914 年被授予“印度伙伴”称号并于 1920 年获得皇家艺术协会的银质奖章。1924—1931 年，霍华德出任印多尔植物工业研究所主任及印度中部邦和拉杰普塔纳邦的农业顾问，1928 年成为皇家亚洲协会会员，1930 年获得该协会的巴克利纪念奖。1934 年他被授予爵位，并于 1935 年成为皇家科学院的名誉会员。

华德先生在印度工作时担任政府农业顾问，并负责印多尔的一个研究农场。他长期与路易斯姐妹共同工作，并于 1905 年与姐姐加布里埃尔结婚。在姐姐去世后，又于1931年娶了妹妹路易丝。加布里埃尔是一名训练有素的杰出的植物学家，事实上两位女士在有机农业方面的贡献是不可小视的。

霍华德先生长期观察和支持印度传统的农业实践，虽然起初他旅居印度时是为了传授西方农业技术，但后来他发现当地人能教给他更多的东西。他关注到的重要一点是健康土壤与健康村民、动物和作物之间的联系。英国土壤协会主任 Patrick Holden 曾高度赞赏霍华德的观点："土壤、植物、动物和人类的健康是一体的、不可分割的"。1926年他还担任过印度科学大会的分会主席。

霍华德先生因其在改进印度传统堆肥技术、建立著名的印多尔工艺方面的成就被公认为现代堆肥之父，他进一步提出和发展了有机农业技术，并通过英国土壤协会和美国罗代尔研究所把这些知识普及到了世界各地。他于1940年出版的《农业圣典》一书是本经典的有机农业读本，它既是霍华德面向公众的第一本书，也是他最广为人知的一项成就。他于1931年出版的《农业废弃物》一书基于26年的印度小农场的作物改进研究写成，被认为是他最重要的科学成就。他的另一本书《农场和庭院实践：健康或疾病》出版于1945年，也面向一般公众，并于1947年再版为《土壤和健康：有机农业研究》。霍华德的这些杰出工作影响和激发了大批从事有机运动的农场主和农业科学家，包括 Lady Eve Balfour（创办 Haughley Experiment，出版 *The Living Soil*）和 J. I. Rodale（建立罗代尔研究所）。

霍华德先生提倡通过研究森林来指导农业实践，为之倾注了他整个职业研究的后半段，并预见到后来的生态学家需要研究生态和农业之间的关系。事实上，霍华德与 Sir Robert McCarrison 和 Richard St. Barbe Baker 一道成为有机农业运动的三个先驱者。

主要论著

- Howard, Albert & Howard, Gabrielle L. C (1907), "Note on Immune Wheats", *The Journal of Agricultural Science* (Cambridge University Press) 2 (03): 278-280, doi:10.1017/S0021859600000575.
- Howard, Albert; Howard, Gabrielle L. C.; & Khan, Abdur Rahman (1910), *The economic significance of natural cross-fertilization in India*, India Dept. of Agriculture. Memoirs. Botanical series, Vol. III, (No. 6) Calcutta: Thacker, Spink & Co.; London: W. Thacker & Co. (Published for the Imperial Department of Agriculture in India; Calcutta). Listing at Open Library
- Howard, Albert (February 1921), "The Influence of Soil Factors on Disease Resistance", *Annals of Applied Biology* 7 (4): 373-389, doi:10.1111/j.1744-7348.1921.tb05525.x
- Howard, Albert (Jan. 1, 1925), "The Effect of Grass on Trees", *Proceedings of the Royal Society of London. Series B, Containing Papers of a Biological Character* 97 (683): 284-321, doi:10.1098/rspb.1925.0003, JSTOR 81054
- Howard, Albert; and Howard, Gabrielle L. C (1929), *The Development of Indian Agriculture*, India of Today, Vol. Ⅷ (2nd ed.), London: Humphrey Milford and Oxford University Press, http://www.archive.org/stream/developmentofind031932mbp#page/n6/mode/1up, retrieved 9 August 2010
- Howard, Albert; and Wad, Yeshwant D (1931), *The Waste Products of Agriculture: Their Utilization as Humus*, Oxford: Humphrey Milford & Oxford University Press, http://journeytoforever.org/farm_library/HowardWPA/WPAtoc.html, retrieved 9 August

2010 [a]

- Howard, Albert (29 February 1936), "Manufacture of Humus by the Indore Process", Nature 137 (3461): 363-363, doi: 10.1038/137363b0, http://www.nature.com/nature/journal/v137/n3461/abs/137363b0.html, retrieved 9 August 2010
- Greenwell, Sir Bernard; Howard, Sir Albert; & Wrench, G. T. (February 1939), "Address to a Meeting of the Farmers' Club", *Journal of the Farmers' Club* (Part 1)
- Howard, Albert (May 27, 1939), "Medical "Testament" on Nutrition (correspondence concerning the *Cheshire Medical Testament on Nutrition*)", *British Medical Journal* 1 (4090): 1106, doi:10.1136/bmj.1.4090.1106 (Registration to view BMJ articles is free).
- Howard, Albert (July 29, 1939), "Medical Testament" on Nutrition (correspondence)", *British Medical Journal* 2 (4099): 251, doi:10.1136/bmj.2.4099.251
- Howard, Sir Albert (1943), *An Agricultural Testament*, Oxford, UK: Oxford University Press, archived from the original on 2 July 2010, http://ps-survival.com/PS/Agriculture/An_Agricultural_Testament_1943.pdf, retrieved 9 August 2010 pdf per Special Rodale Press Edition, 1976.
- Howard, Sir Albert & Howard, Louise E (1945), *Farming and Gardening for Health or Disease*, (Subsequently published as *The Soil and Health*), London: Faber and Faber Ltd, http://journeytoforever.org/farm_library/howardSH/SHtoc.html, retrieved 10 August 2010
- Howard, Sir Albert (1945), "Introduction (Howard on earthworms)", *The Formation of Vegetable Mould through the Action of*

Worms with Observation on their Habits, London: Faber and Faber, http://journeytoforever.org/farm_library/oliver/howard_intro.html, retrieved 9 August 2010 (Howard's introduction to the 1945 publication of Charle's Darwins's book, first published in 1881)

- (March 1947), "Harnessing the Earthworm", *Organic Gardening* 10 (4)
- (April 1947), "Organic Campaign", *Organic Gardening* 10 (5)
- (September 1947), "The Animal As Our Farming Partner", *Organic Gardening* 11 (3), http://journeytoforever.org/farm_library/howard_animal.html, retrieved 9 August 2010
- (November 1947), "How to Avoid a Famine of Quality", *Organic Gardening* 11 (5)
- (2006. First published 1947), *The Soil and Health: A Study of Organic Agriculture*, University Press of Kentucky, ISBN 978-0-8131-9171-3, http://books.google.com/?id=bBjnBaJLoZgC&dq=%22soil+and+health%22+howard&printsec=frontcover#v=onepage&q&f=false, retrieved 9 August 2010 (Originally published by Faber & Faber in 1945 as *Farming and Gardening for Health or Disease*)

农业圣典:养活21世纪的关键

2001 年 10 月 2 日,爱德华·古德斯密斯(已故环境学家、作家、哲学家)被位于印度新德里的科学、技术和生态研究基金会授予千年甘地奖,在会上他作了纪念霍华德的演讲,见下文。

1974 年在这间会议厅里我第一次有幸讲演,当时我与甘地和平基金在合作。那次会议的主席是杰格迪什·卡普尔,我注意到,27 年后的今天,他正坐在前排。

今天我在这里进行第二次有关霍华德的演讲当然很荣幸。在这样一个时代里,他所提出的思想对解决我们面临的问题意义更加深远。当我们阅读他那伟大、经典的《农业圣典》一书时,我们会深知一个持续的农业系统应体现出作物的健康和人类的健康。他看到土壤肥力就是人类的主要资产,而且人类文明的未来将依赖于对这些资产的保护。霍华德认为,自然为我们提供了一个完美的农业系统模式。

一片森林在他的眼里就是"自然农作"的产物,它是一个自我施肥、自我灌溉的系统,没有废物产生,没有污染产生,很少发生疾病。其肥力靠生命的车轮维护着,森林中的生长和腐解保持着良好的平衡状态。今天大家所称呼的原始部落所实践的"刀耕火种"农业与森林系统是吻合的。

“森林经过火灾会停止生长，贮存的腐殖质就会转化到作物里，耗竭的土地留给自然进行植被再造，腐殖质的重新储备又一次开始。”

正如霍华德先生所说，把林业引入轮作应该是一个理想的系统。印度村民的农业实践成功地维持了该国50万个村庄周围较高的土壤肥力，同时还“让农作物免予病虫害的危害”。

霍华德并不是第一位赞扬印度传统农业的农学家，英国农业专家Augustus Voelcker被派往印度研究农业并试图推动农业现代化；出乎其雇主的意外，他描写到印度农业是如何完美地适应当地的自然条件，事实上他并没有看到应该如何改进这一系统，反而认为：改进英国农业相比对印度农业提出真正有价值的建议要容易得多。同时期的另一位英国农学家A. O. Hume也有相似的结论。

霍华德认为，现代工业化农业就是一场名副其实的灾难。本质上它就是要打破生命的车轮，在加速生长的同时毫不重视分解，结果必然导致土壤的退化，作物产量的降低和病株、病人的产生。为了提高产量，就会采用那些“人工的肥料”，这既毒害了地球，又成为降临在农业和人类身上最大的一场灾难。我相信Mahatma Gandhi一定会非常同意这一点。

我们还要摆脱喷洒药物后不断产生的病害问题，所有的小农户对此知之甚多。我记得大约20年前在《生态学家》上发表的一则有关壳牌化学品公司的农药广告，说到农药是必需的，因为美国农产品的30%是被害虫吃掉的。我还知道针对Rachel Carson发表于1963年的论文举行辩论的一个观点是：农药是必须的，因为每年美国农产品大于10%是被害虫吃掉的。

我们不禁要问，20年后还有多少美国农产品是被害虫吃掉的？这些数据当然不够准确，但毋庸置疑，从一个十年到下个十年该比例一定会逐渐增加的。对此法国INRA一位伟大的农学家Francis Chaboussou阐明了其中的主要原因,在他的两本书 *Les Plantes Malades des Pesticide* 和 *La Santé des Cultures* 里他详细解释了为什么化学农药的使用一定会导致植物病害的增加。

简单地讲,昆虫和其他小生物取食植物时,并不天生具备把外来蛋白分解成氨基酸的酶,但它们却可以合成自身的蛋白。这意味着它们并非要取食植物器官,而是要取食汁液中含有的氨基酸。健康的植株含有很少的汁液,因为它们要利用这些汁液来刺激自身的生长,一旦生长停止,汁液的产生随之终止,仅停留在维持和修复的水平之上。

生病的植株就不同了,这也是为什么害虫通常会进攻生病的植株。如霍华德指出的,当植物生长在不适宜的土壤上时,植株当然会生病。害虫和真菌并非疾病产生的真正原因,只有在品种不适宜和作物生长不旺盛的情形下疾病才会发生。

如 Chaboussou 所坚持的,植物在剧烈的温度变化下喷洒农药后也会得病,这些农药即使不会杀死植株,也会弱化它们,并容易招引来害虫和其他潜在病害。一点也不奇怪,在 Chaboussou 死后,他的工作就被他所在的研究所完全忘掉了,他发表的言论是大家所不愿听到的言论,如果有人想推动相关工作,就会受到强大的农化公司的可怕攻击。Chaboussou 的工作只有少数人了解,所幸有赖于另一位杰出农学家 Jose Lutzenberger,把 Chaboussou 的著作翻译成了德文和葡萄牙文,且很快就会有英文版。

在 Chaboussou、Lutzenberger 和 Howard 先生的眼里,控制植物病害的办法就是培育健康的植株及其抗性。Lutzenberger 在他所在的州就成功地说服了许多农场主放弃农药,替代以乳清、牛尿、沼液和石屑(富含微量元素),他认为这些材料才能为土壤肥力重建提供真正的答案。

当然,想要说服那些大型工业企业改弦易辙是非常困难的,因为他们的目的就是为了追求短期生产的最大化,罔顾长期影响。因此他们更接近那些农化企业,而且经常就是关联企业。政府也不愿得罪这些有实力的农化公司，或所有这类企业，这些企业推动了经济增长或经济发展。而在我们的社会里所有这一切只不过是附属于经济，就如我们大家所知，只有在实现增长或快速增长的情形下才可得以存活。

这些企业若年增长率低于3％则很难维持生存，而这一增长率实际上是很难达到的。这时政府就要支持这些项目，即使其在社会、生态、道义层面是不可接受的。

另外，工业社会灌输给人们的信仰就是对家庭、社会和自然世界失去敬畏，而在传统社会里这些都被人们赋予了神圣的含义。在工业社会里人们信仰的仅仅是所谓的经济增长或发展所带来的“进步”。人类的信条——包含在所有宗教里——就是在无限智慧和所有科技、工业和自由贸易武装下在地球上创造一个消除了所有现实问题的物质天堂。

这样经济增长或发展就超越了其他任何事情，只要能带来些许经济发展，任何对社会、生态或道德层面的牺牲都是无足轻重的，即使这些发展明明就是产生现有问题的根源。解决现存问题的唯一出路就是尽量少地干扰这些“神圣”的过程，结果可能还会促进这一非常过程。

换句话说，经济发展所带来的问题经常被人们解释为是为了更进一步的发展，我们经常也会这样看待问题。这样当渔业储备下降时，人们的反应不是降低对此的影响——很明显这才是解决之道，而是投资开发更大规模、更强动力、更为复杂的拖网渔船，以找到那些尚未被消灭掉的渔业资源。

我们目前采取的提高第三世界国家债务水平的做法不是要降低他们的借款额度并帮助他们实现自给自足，而是借给他们更多的钱，让他们一直借贷。结果如同我们大家所知晓的，大部分的借款，是被政客们抢走了，或浪费在那些奢侈品上以及回报很低甚至是负值的大型基础设施项目上。

经济发展必然伴随着犯罪、失职和吸毒的增加，而我们唯一的办法就是雇佣更多的警察、给他们配置精良的装备以及建造更多的监狱。

事实上,每一个问题都会变为一种商业机会。几年前,加州地区发展最快的产业就是监狱建设。现在我们已经有了监狱百万富翁,不要为此惊奇,要知道现在美国有超过200万人住在监狱里,花在监狱中一个人身上的成本远高于送他去哈佛或耶鲁的成本。于是,经济发展——这一产生社会偏差的根本原因,不仅在继续前行,而且因新型工业的发展得到加速。这让人想起了Mahatma Gandhi对现代医学的评论:我们吃多了,就生病了,然后就会吃那些感觉良好的药片,这样我们就会继续吃多,继续生病。

面对这样的现状我们应该回想一下霍华德先生的思想。事实上,他所说的也就是唯一的答案:施用化肥和化学农药毁坏了我们的田地,导致产量减少、病害加剧。

大规模工业化农业发展的结果是减产和病害增加,这是经济发展的必然特征,也是问题的根源。在我们的田块上施用化肥和化学药剂表面上消除了问题症状,同时进一步增加了这些农化产品的销售和利润,又为国民产出做出了贡献。

对折磨我们的传染病害的控制也如出一辙,它们实际就是细菌和其他微生物作用的结果。为了控制它们我们发动了一次又一次战争,频繁地使用着不同类型的化学药剂,包括杀菌剂、抗生素等。

当然这是一场打不赢的战争,因为细菌有着难以置信的适应力,几乎能在任何条件下得以存活。而且我们的身体含有超出动物细胞10倍多的微生物细胞,这意味着人类本身更像一个微生物生态系统。进一步地我们了解到,这些内生微生物群落一直在演化着,并在我们的身体发育和正常功能方面发挥着非常重要的作用。实验室繁育出的没有微生物的动物总会遭受各种机体和免疫系统缺陷的折磨。

正如著名微生物学家René Dubos和可称为健康生态学创始人之一的霍华德(Howard)清楚指出的,微生物自身并不会产生疾病;产生疾病的原因主要是人与其体内的微生物之间平衡的崩溃。在正常条件下,我们体内那些潜在的病原菌也不会导致明显病害。如 Dubos 所述，只有在极端情形下才会发病。

> 经常的情形是，人类会窝藏各种各样极端危险的有害生物，如沙门氏菌、白喉菌，但未受到任何惩罚；只有在极端情形下才会发病。

导致这些细菌转变为病原菌的条件是：

> 一个寄主和微生物之间建立的动态平衡出现偏差时，比如寄主受到营养缺乏限制，或受到有毒物质影响或其他一些胁迫，这时就会出现生理性扰动。

很明显，解决这一问题的办法不是向这些微生物发起一场战争，而是解决植株的健康问题，包括让植株建立起针对害虫的化学武器，以及恢复人类与本土微生物之间的平衡。

如 Dubos 所述，任何动物都具备这种能力。事实上，当你给小鼠饲喂一种缺乏硫胺(维生素 B_1)、核黄素和维生素 B_{12}(这些应该由动物体内微生物所合成)的食谱时，它们就会沉溺于一种食粪症；更为严重的是，当我们试图阻止这一活动时，小鼠的生长会降低至少 20%！

这种平衡观念对生物圈的不同层面均显得十分重要，包括生物体、家族、群落乃至生态系统。它也是自然界极其重要的组成部分，可是当今的现代科学却在拒绝这种观念，其与世俗的灌输给我们的所谓进步和经济发展是不能调和的。

事实上，如果我们继承下来的世界是不完美的，按照科学家、工程师和工业化论者的设计，我们的幸福就只能寄托于彻底改变这个世界，那我们怎么能接受原初的世界？我们的幸福又怎么能依赖于对其的保护？当然我们不会这么认为。在我们的眼里，自然世界一直遵循着一种随机秩序，并且是可塑的，就像黏土块一样。

对 Descartes 和 John Locke 来说，活的生物和人类一样都是蜡的碎屑,正如澳大利亚科学哲学家 Passmore 所言,具有“柔韧性、可塑性和随意性”。大多数现代历史学家和社会学家在看待社会时也持相同观点。著名历史学者 H. A. L. Fisher 告诉我们:人类并不具备特质,只是一段历史;并透露人类行为是无限可塑的,历史只是对一些随机和不连续事件的记录而已。

美国总统 Woodrow Wilson 也谈到社会行为的极端可塑性,指出人类可以适应于任何社会及环境条件,当然也包括强加给我们的经济发展和社会进步。

应该指出,这种说法是彻底错误的。生物世界所有层次的免疫系统及其过程均具备一临界结构,以完成其各种适应性功能;这样既可保障个体生物的福利和生存,又可保证上一层更大系统临界结构的生存。没有这些,任何生物至少从长期角度看均无法存活。

另外,一个自然系统临界结构的所有细节也不是固定的,对进化过程的一段或全部都是这样。一个静止的系统必然是不稳定的。事实上,为了适应环境所发生的地球物理和气候变化,系统本身也必须要顺应变革。这种变革不是源于自身的需要,而是系统为避免更大和更多破坏性变化发生所做出的转型策略的一部分。

这样,一个自然系统临界结构中只有那些特别的部分是被修正的,而其基本性质则被虔诚地保留着。因此著名生物学家、生物哲学家 Paul Weiss 总结认为自然系统的关键特征是:它们表现出“宏观决定论”和“微观非决定论”。

世界范围内,无论在非洲、亚洲、太平洋岛屿、美洲以及欧洲,人们一开始都通过各种方式生活在大家庭里,构成了一个个小型的社会,这并不是巧合。这些社区绝大程度上是自立的,很少贸易,几乎完全是自组织的,这也不是巧合。这些社区通过信仰、文化联结在一起,并提供了来自个人、家庭和社区方面所有问题的解决办法,这同样不是巧合。

一旦这种结构遭到破坏(一般在现代经济发展影响下必然会这样),

这时就会出现一个病态的社会，受到各种问题如人口增长、资源耗竭、环境破坏等的困扰，更不要说人际关系紧张、犯罪、失职以及其他社会生态问题。

重要的是经济发展并不能解决这些问题，因为真正的原因是社会的解体，而正是我们的社会所推崇的经济发展导致了社会的必然解体。接下来人们所能做的就是寻求缓解而不是根治这些社会病症的方法。这也只能通过一种权宜之计来解决，其中又包含了进一步的经济发展。

像自然生态系统一样，社会系统也有临界结构。如大气环境是由不同化学成分组成的，要想保持其稳定必须考虑这些成分的合理比例。如同 Jim Lovelock 指出的，大气中的 CO_2 含量就是一关键指标，当其太低时地球就会很冷，太高时地球温度就会升高并超出大多数生物所能忍受的限度。大气中的 O_2 含量也很关键，当其变低时一些生物就不能正常呼吸，而当它变得很高时，大气就会变得易燃，一个火花就可能导致无法控制的火灾。

当然我们还没走到这一步。一旦我们在市场经济框架下学会利用化石燃料中的能源，我们就要为地球变暖受到责难，这也是现在和未来人类所面对的最令人恐惧的一个问题。这也是人们对现代工业社会的一项控告，也正是当我们学会利用这些能源服务于机器时问题就来了，在这之前这些机器是靠人力和畜力完成的。如果我们不做任何事情，目前我们实际上也没做任何事情，那毫无疑问，我们这个星球的绝大部分区域将在这个世纪末变得不再可以居住。

很清楚，我们需要做的就是恢复大气环境的临界状态，也意味着要实现经济发展的逆转。

值得讨论的是，我们完全可以通过发展替代能源如太阳、风和潮汐能来支撑我们的工业社会，或许我们最多可以获得 30％～40％的这类能源，而达到这一目标估计需要几十年或最多 50 年的时间。

仅仅这一点是不够的。50％的 CO_2（主要的温室气体）排放在目前是被生物世界包括森林、土壤和海洋所吸收的,但在目前经济发展对生物世界的破坏速度下,这种吸收能力肯定是在下降的。

换句话说,除了停止使用所有化石燃料外,整个生物世界从现在开始就要受到虔诚的保护。这意味着工业化的农业就不再拥有,因为本质上工业化农业就是要把肥沃的土壤变成垃圾,从而降低吸收 CO_2 的能力,并把土壤中的碳排放到大气中。

我们也不能忍受现代林产业对世界范围森林的空前破坏,这一问题很严重,以致现任联合国环境署主任提出,要在未来几十年内让我们星球上的热带雨林能幸免于难简直就是一个奇迹。面对超大型以及超强的砍伐业,这并不稀奇。事实上,保护自然世界及其吸收 CO_2 排放能力的唯一办法似乎就是逐步淘汰工业化系统,以及停止经济增长或经济发展。

然而像往常一样,我们仍期待技术革新,期待通过技术来解决这些问题,同时推动经济增长或发展。比如美国国家科学院就很认真地建议恢复地质工程,他们甚至建议沿地球轨道放置 5 万个 100 千米^2 的镜子来影响太阳光能。另一个建议是"利用枪炮或气球在平流层维持尘云以增加太阳光的反射"。

现在的重点又转到了温室气体排放许可市场方面,可以通过 CDM(清洁发展机制)项目转移到第三世界国家,以减少他们的排放,也可通过植树获得这种许可。

通过购买这些未使用的温室气体排放配额(基于京都协议),一个新兴的工业已建立起来,通过买进和卖出配额,以保证那些富裕国家如美国可以避免减少其气体排放。

再提一次,我们的政府已无能力采取必要的措施来避免这场最大的灾难,否则就要干预到经济的增长,并受到责难,因为涉及众多跨国企业的利益。现在我们把这一令人恐惧的问题转变成一宗新的生意,每个国家在绝望地开发这一业务。

很显然，工业社会也无法保障我们的植物和动物健康，而且这只是我们自己所发现的这些困惑中的一个方面。同样地，我们的社会也不能保障我们的家庭、社会、自然世界以及生态圈的健康。所有这些都是为经济增长或发展祭坛做出的牺牲，都是为了满足那些跨国企业的现时利益。随着全球经济的发展，他们控制了我们生活的方方面面。

我们唯一的希望是回归本色，正如 Mahatma Gandhi 提倡的那种社会一样。那是一个松散的共和社会，人们自我满足，奉行传统农业和手工生产，如同今天我们所说的乌托邦。反过来，我们所建立的全球经济注定是不稳定的，或许仅能维持数年乃至十年，这在我的眼里是行不通的。

反全球化运动正在世界各地扩展，并已成为人类历史上发展最快的一项运动，让我们不要放弃希望！

爱德华·古德斯密斯于 2001 年 9 月 29 日